北京市科学技术委员会
科普专项经费资助

科学文化工程
公民科学素养系列

科技前沿"故事汇"

人类太空生存的开拓之旅

张伟 韩培 主编

U0200341

科学出版社

内 容 简 介

星辰大海一直是人类不灭的梦想,那么,人类能够离开孕育自己的地球母亲,前往茫茫的未知宇宙吗?地球生命在太空中如何适应宇宙辐射、微重力等环境因素,并满足自己的生存需要呢?

本书主要探讨人类如何实现长期在太空中生存,简单介绍了太空环境中的生命科学(包括人体科学)、物理科学和空间应用技术等研究,试图为读者勾勒一幅人类在太空生存的初步轮廓。

图书在版编目 (CIP) 数据

人类太空生存的开拓之旅 / 张伟,韩培主编. —北京:科学出版社,2019.4

(科技前沿"故事汇")

ISBN 978-7-03-059639-0

I. ①人… Ⅱ . ①张… ②韩… Ⅲ . ①空间探索—普及读物 Ⅳ . ① V11–49

中国版本图书馆 CIP 数据核字(2018)第 262951 号

责任编辑:张 婷 / 责任校对:杨 然
责任印制:师艳茹 / 封面设计:王明自

编辑部电话:010-64003096
E-mail: zhangting@mail.sciencep.com

科学出版社 出版

北京东黄城根北街 16 号
邮政编码:100717
http://www.sciencep.com

中国科学院印刷厂 印刷

科学出版社发行 各地新华书店经销

*

2019 年 4 月第 一 版 开本:720×1000 1/16
2019 年 4 月第一次印刷 印张:14
字数:200 000

定价:60.00 元

(如有印装质量问题,我社负责调换)

编　委　会

目录

Chapter 4
太空物理科学研究

Chapter 5
未来家园的寻找和探索

Chapter 6
面向太空生存的关键技术试验

后　记　　217

航天之父奥尔克夫斯基曾经说过："地球是人类的摇篮，但人类不可能永远被束缚在摇篮里。"自远古以来，人类对太空就充满了向往，对太空探索的追求从未停歇。不过，对于太空大家也有很多疑惑：太空是什么？是看得见摸得着的东西吗？地球之外都是太空吗？

Chapter 1

太空生存的探索研究

01
太空是什么

▼

　　太空往往被认为是地球大气层之外的宇宙空间，但太空的划分边界向来有一定争议，难以达成共识。这是因为太空和每个国家的领空存在界线交叉问题，如果以大气层来划分太空和领空，大气层厚度可达 1000 千米，这就意味着相当一部分近地空间都位于各国领空之内，这将对近地空间的航天活动造成很多限制。经过多年研讨，目前国际组织普遍认为，太空是指地球表面 100 千米以外的宇宙空间。

　　太空的范围如此之广，而且不同的区域呈现出不同的特点，科学家该如何进行探索研究呢？事实上，我们可以按照人类探索的重点和环境特点的不同将太空进行分类。

✈ 近地轨道空间

　　近地轨道空间是指位于地球表面之外 200～400 千米的轨道空间，我国的天宫二号空间实验室和美国、欧洲部分国家、俄罗斯、日本等国联合建造的国际空间站就位于这个轨道上。近地轨道空间主要呈微重力和高真空等环境特点。

　　微重力条件的形成如下图所示，当航天器在轨道上高速运动时，会产生向外的离心力，这个离心力会抵消地球对航天器的引力，从而形成微重力的条件，也就是说，仅有微小的残余重力存在。

地球引力

运动造成的离心力

■ 近地空间站航天器的受力情况示意图。

　　在近地轨道空间内，空气非常稀薄，呈现出高真空的状态。在真空状态下，如果没有航天服或空间站来保障人体所需的氧气，人类将根本无法生存。

✈ 地球同步轨道空间

　　地球同步轨道空间是指位于地球表面之外约 36000 千米的轨道空间，部分导航卫星和通信卫星就在这个轨道上，与地球的自转保持同步，可以为地球持续提供导航和通信等服务。地球同步轨道空间的主要特点是微重力、强辐射和弱磁场等。

　　地球同步轨道空间位于地球外辐射带，高能电子产生的辐射较强，不仅会影响航天器上的材料和元件，还会影响航天员的安全。在这个轨道高度上，地球内部产生的磁场强度已经衰减到非常弱的程度。

✈ 月球

　　月球距地球约 38 万千米，呈低重力、强辐射和大温差变化等环境特点。月球上的重力约为地球上的 1/6，而且大气非常稀薄，大气密度比地球上的大气密度低 14 个数量级。由于月球与太阳的距离经常发生变化，因此，月球的表面温度总是在变化，而且最大变化幅度超过 300℃。

　　月球轨道上的高能辐射源主要包括银河宇宙线和太阳宇宙线，其辐射强度与地球同步轨道基本相同，但月球表面的辐射环境略有不同。月球周围的磁场强度很小，甚至不及地球磁场的 1/1000。

　　月球表面的月尘堆积和吸附比较严重，不仅会阻碍仪器设备的正常运行，也会对航天员的呼吸系统产生影响。

✈ 火星

　　火星是太阳系内与地球特点最接近的行星，因此，成为人类未来移民的首选地。火星不仅大气环境稀薄，而且辐射很强。火星表面大气密度大约为地球的 1%，非常干燥，平均温度约-55℃，昼夜温差很大（某些区域昼夜温差可达 160℃）。大气成分为 95% 的二氧化碳、3% 的氮气、1.6% 的氩气、很少的氧气和水汽等，也充斥着很多悬浮尘埃。火星的高能辐射与月球类似，辐射强度相当。

02
太空环境的效应

▼

太空环境中的微重力、强辐射、高真空、大温差和尘埃等会产生什么效应？对物体、生物与人类会有什么影响？这是我们需要深入探讨和研究的问题。

✖ 微重力效应

微重力条件下的物理效应主要有三个。

第一个微重力效应是浮力对流现象会极大减少。在微重力条件下加热物体（如水或空气）时，浮力对流消失，热交换基本停止，加热的水或空气会停留在容器底部，在这种情况下，只有扩散现象等继续发挥作用。

第二个微重力效应是沉淀和分层现象会极大减少。将铁块等密度大的物体放入密度小的水中时，在重力的条件下，铁块将下沉；在微重力的条件下，铁块却不会下沉。同理，在地面重力条件下将油倒入水中，会出现分层现象；而在太空微重力条件下，油和水将混合在一起，分层现象消失。

第三个微重力效应是压力梯度会极大减小。在地面重力条件下，随着位于水下的深度越深，物体受到的水压越大；而在太空微重力条件下，物体受到的水压不会随着水的深度变化而变化。举个生活中的例子，潜水时，我们越往下潜，胸部受到的压力越大，会渐渐喘不上气来；而在太空微重力条件下，不同深度的水压基本不变，不同水深的压力差消失了。

微重力条件对生物体尤其是人体的影响非常大，骨骼、肌肉、心脏、免疫系统和神经系统等各个方面都会受到影响。长期处于微重力条件下，人体将出现骨质流失、骨骼肌纤维萎缩、平衡失调、心脏萎缩和免疫力下降等问题。据估计，人体在微重力条件下每个月骨质流失将达到1.5%～2%，如果在太空微重力环境中生活一年，人的骨质将流失近1/5。因此，必须采取必要的对抗措施，如服用治疗骨质疏松的药物等，以保障人在太空的身体健康。

同时，在微重力条件下肌肉萎缩也比较严重，为此空间站中安装了让航天员锻炼身体的设施，如动感单车和拉力器等。每位航天员每天必须锻炼1个小时以上，以抵抗肌肉萎缩。

微重力条件下，这些物理规律的变化和对生物体的影响，需要进行深入的探索和研究，以便我们在太空生存和活动时充分利用这些规律来对抗不利的影响，使航天员更好地生活及开展工作。

✈ 强辐射

太空中高能宇宙线包括高能电子、银河宇宙线和太阳宇宙线等。高能电子产生的辐射不仅会对航天器造成影响，也可能会影响航天员的安全。银河宇宙线通量很低，但能量很高，人类长期处于这种环境，会对人体产生较大的影响。太阳宇宙线是太阳活动激烈时，产生的短时现象，但高能粒子的通量密度较大，对航天员来说是一种巨大的威胁。一般来说，轨道越高，航天员受到的辐射剂量越大。如果载人飞船向火星进发，首先需要解决的就是航天员面临的长期辐射问题。目前，长期宇宙辐射对人的影响尚在深入研究之中。

✈ 高真空

　　真空条件对人的影响无须多言，处在真空条件下，人1分钟后就会失去意识。1971年6月，苏联联盟11号飞船返回地球时，在返回舱与轨道舱分离之际，爆炸螺栓的冲击力将密封舱两个减压阀中的一个震坏，导致密封舱迅速漏气。由于空气迅速逃逸，航天员很快处于真空状态下，不久后就失去了意识，而且暴露在真空中不久后，航天员的体液出现了沸腾现象，最终他们为航天事业献出了自己的宝贵生命。

✈ 大温差

　　对于月球和火星表面高达数百摄氏度的大温差来说，如果没有足够的温度控制设施，人类根本无法生存。月球表面夜晚温度达到-160℃左右，在这样的温度下，穿再厚的衣服也无法保温。

✈ 尘埃

　　月尘和火星尘埃对仪器设备及人体都会产生严重的影响。以月球车为例，它的润滑系统就需要单独设计，以防止月尘进入润滑系统，堵塞活动机构，影响月球车的正常工作。

03

人类进入太空的尝试与探索

▼

自 20 世纪 30 年代以来，人类就开始不断尝试进入太空，进行探索。美国和苏联先后利用火箭和空间站等设施，将果蝇、猴子、小狗和老鼠等动物送入太空，为人类进入太空探路。

1949 年 6 月，美国成功将一只名为艾伯特二世的猴子送入约 100 千米处的亚轨道，遗憾的是，这只猴子在返回时因降落伞故障而死亡。

1957 年 11 月，苏联将小狗莱卡送入近地轨道。这只叫莱卡的小狗是一只流浪狗，之所以选择它是因为科学家认为流浪狗的生存能力更强。

1961 年 4 月，苏联航天员加加林搭乘东方 1 号宇宙飞船，从拜科努尔发射场起航，进入近地轨道，在最大高度近 300 千米的轨道上绕地球一周，并安全返回地面，完成了世界上首次载人太空飞行。从此以后，人类进入了载人航天发展时代。

让我们来简单回顾一下世界载人航天的发展历程。

20 世纪 60 年代，美国和苏联开展了载人登月的竞赛，随后，美国领先一步，阿波罗登月计划取得了成功。1969 年 7 月，美国航天员阿姆斯特朗搭乘阿波罗 11 号飞船成功登陆月球，他说："这是我个人的一小步，却是人类的一大步。"1969~1972 年，美国成功实现了 6 次载人登月，取得了月球演化、月岩分类和月面地形成因等重大科学发现，开发并衍生出了 3000 多种应用技术，建立了庞大的航天工业和技术体系，有力地带动和促进了当时美国科技、经济和社会的发展。

■ 苏联航天员尤里·阿列克谢耶维奇·加加林。

苏联在载人登月竞赛中失败后，将目光转向了近地空间。1971 年 4 月，苏联成功发射了礼炮 1 号空间站；1973～1982 年，又陆续发射了礼炮 2～7 号空间站。其中，在礼炮 7 号空间站中，航天员累计在轨生活 3216 天。利用这些空间站，苏联开展了地球观测、太阳与天文观测、材料加工和生物医学研究等多种学科领域的探索。

美国不甘落后，于 1973 年发射了近地空间站——天空实验室（Sky Lab）。这是一个试验性空间站，长 36 米，重约 80 吨。以它为基础，美国开展了 50 多项舱外活动，进行了 270 多项研究，拍摄了 18 万多张太阳活动的照片，研究出了日冕结构及其活动变化规律，推断出了太阳耀斑的形态特征。

基于礼炮号空间站积累的经验，苏联在 1986 年建造了当时规模最大、技术最先进且能力最强的和平号空间站。在其运行的 15 年中，有 12 个国家的 135 名航天员在那里工作过，创造了单人在轨连续飞行 438 天的记录。自 1995 年以来，美国的航天飞机与和平号空间站进行过多次对接。科学家在和平号上空间站开展了 1700 多项科学研究，进行了 16500 多次实验，例如，在生物学领域，开展了大量的蛋白质晶体生长和特种药品制备研究；在材料领域，进行了600多种材料实验，制造了30多种新材料；在对地观测方面，发现了10个地点可能有稀有金属矿藏、110多个地点存在油脉。

美国为了降低航天运输的成本，实现可重复往返飞行，从1972年开始建造航天飞机。1981～2011年，美国一共建造了5架航天飞机，进行了100余次飞行。航天飞机运输能力强，集火箭、卫星和空间站的功能于一身，近地空间往返运输能力达20余吨。它还可以发射卫星，并进行卫星回收和维修。航天飞机曾携带并释放了50多颗卫星，包括著名的哈勃空间望远镜、金星探测器、木星探测器和太阳探测器等，而且进行了5次哈勃空间望远镜的维修。虽然航天飞机具有非常强大的功能，但是由于系统过于复杂，运行维护成本过高——5架航天飞机每年的发射和维护费用达数十亿美元，而且其安全风险过大——1986年挑战者号航天飞机和2003年哥伦比亚号航天飞机失事，共有14名航天员献出了宝贵的生命。因此，在2011年，美国决定让航天飞机退役。

2001年，美国、欧洲部分国家、俄罗斯和日本等国联合建造的国际空间站完成了基本建设任务，这是目前在轨运行的规模最大的空间站。它重达419吨，安装了大量的科学研究设施。国际空间站发射入轨17年来，开展了生命科学、物理科学、地球观测、天文观测和技术验证等近2000项研究，共有95个国家参与了实验，取得了大批科技成果。

我国的载人航天工程于1992年正式立项，经过20余年的发展，取得了巨大的进步。2003年10月，神舟五号飞船发射，我国实现了首次载人航天飞行。2008年9月，神舟七号飞船发射，我国实现了航天员首次出舱活动。2011年11月，神舟八号与天宫一号成功交会对接，在神舟八号上开展了17项中德合作的生命科学实验，在天宫一号上开展了地球观测研究与应用。2016年9月，天宫二号空间实验室发射，实现了两名航天员30天中期驻留，开展了冷原子钟和量子密钥传输等14项国际前沿研究。2017年4月，天舟一号货运飞船发射，验证了在轨推进剂补加等关键技术，为空间站的建设奠定了基础。

2019～2022年，我国将逐步完成载人空间站的建设，形成三舱组合结构，将会在轨运行十年以上，并且航天员将长期在轨生活。我国空间站设置了大批科学研究设施，到时候将支持开展生命科学、物理科学、天文观测及技术开发与验证等领域的近千项研究。

人类开展如此丰富的载人航天活动的目的是什么？我们认为，载人航天活动的主要目的是要解决如下问题：我们从哪里来？我们是谁？我们到哪里去？

首先，通过太空探索可以不断了解和认识宇宙的起源与演化，以及生命的起源与演化等重大科学问题，深入认识我们所处的世界，预测宇宙未来的演变；其次，寻找在地球之外我们未来的栖息地，如火星或太阳系外的类地行星。在遥远的将来，当地球环境发生变化而不再适合人类居住时，我们可以移民到别的类地行星继续生存。

随着60余年来载人航天活动的蓬勃发展，载人航天活动的目标越来越聚焦于实现人类在太空的长期生存，这将为未来人类移民太空奠定基础。

04
人类长期太空生存需要开展哪些研究

▼

为实现人类在太空的长期生存，必须深入认识和理解在太空条件下的生物体响应机制、物质的特殊运动规律，并且发展人类在太空生存与活动所必需的相关技术。这就需要在太空中开展生命科学（包括人体科学）、物理科学（包括流体科学、燃烧科学、材料科学与基础物理等）和空间应用技术等研究。

太空生命科学研究

太空生命科学研究探索在太空微重力及强辐射等特殊环境下，植物、动物、微生物和人体等生命体对环境的特殊响应机制。近几十年来，通过载人空间站或其他航天器，人类已经在太空中种植过小麦、水稻、番茄、黄瓜、荷花、百合、黄芪和油松等上百种植物，包括粮食作物、蔬菜、花卉、药材和树木等种类；在太空中养殖过果蝇、老鼠、乌龟、鱼、蜘蛛、猴子和狗等几十种动物，研究它们在太空环境中的生物学响应；同时，对沙门氏菌、葡萄球菌、链球菌和微球菌等多种微生物进行了深入研究，研究它们对航天员健康的影响。通过这些研究，我们对植物、动物和微生物等对微重力或辐射环境的响应机制，有了深刻的认识和理解。

✈ 人体科学研究

近年来，美国和俄罗斯等国利用空间站开展了深入且细致的研究，研究人类在太空微重力条件下出现的骨质流失、肌肉萎缩、视力下降、免疫力下降、神经前庭功能减弱、心脏功能下降、体内微生物群变化和心理健康问题等生理或心理疾病，并积极采取必要的对抗措施。其中，颇引人注意的是美国近年来开展的双胞胎天地对比研究，通过分析分别在太空和地面生活的双胞胎兄弟的 DNA、RNA、蛋白质和代谢物等，研究太空环境对人体器官的影响。

✈ 物理科学研究

太空物理科学研究主要探索在微重力等条件下特殊的流体运动规律、燃烧运动规律、材料生长规律和基础物理现象与规律等，为掌握太空物质运动规律，以及充分利用这些规律开展太空活动奠定基础。近年来，美国、俄罗斯、欧洲部分国家和日本等国分别通过空间站和航天飞机等航天器，开展了微重力对流特性、微重力燃烧特性及防火、空间材料晶体生长、微重力基础物理等研究，深入了解了太空环境中物质的运动规律。

✈ 空间应用技术研究

为了保障人类在太空的生存和活动，多国也开展了大量的太空应用技术研究，包括激光与量子通信技术、空间机器人技术、脉冲星导航技术和太空

3D 打印技术等。这些研究为解决未来我们在太空长期生存面临的通信、导航、移动和制造等问题奠定了基础，确保人类未来在太空能够走得更远，具备更强的活动能力。

中国古代就有嫦娥奔月的民间传说，更有"天上一天，地上一年"的神奇说法，那么地球上的生命能离开孕育着生命的地球母亲进入未知的太空吗？如果进入浩瀚的宇宙，会出现什么现象呢？

Chapter 2

太空中的生命科学研究

01
太空种植园——无垠宇宙中的绿色天堂

▼

🛩 植物要上天

从人类进入太空时代伊始，研究人员就试图探究植物能否在微重力环境下生存。这项研究的主要驱动力是对科学的好奇心，更重要的是科学家认识到，在长时间的太空任务期间，不能只依赖带上天的加工食品，食用在天上种植的新鲜水果和蔬菜，更有利于航天员的身体健康，而且还可以降低将食物带上天的成本。不仅如此，如果植物能够在太空生存，还有更多可以利用的方面，如净化太空中的空气（植物可以消耗二氧化碳并产生氧气，同时还能净化有污染物存在的空气）。

在太空种植植物具有重要的意义。航天员在太空中生活，氧气、食物和水是必不可少的。目前，这些物资几乎全是依靠发射航天器送入太空的，非常昂贵。在太空栽培植物，可以产生更多的氧气，同时也可以培育食用蔬菜，自给自足；甚至可以在空间站驯养动物，作为肉食来源。这些研究不仅可以降低航天员在太空生活的成本，随着技术的发展，可能还会对人类进入太空长期生活具有重大意义。

太空中的失重、宇宙线等因素都会对植物的生长、发育、衰老和变异等基本生理现象产生独特的影响。科学家会针对这些因素在太空进行科学实验，观察微重力、充满宇宙线的太空环境对细胞和植物生长的影响，观察不同植物的生长发育和代谢变化，研究重力和光周期在高等植物开花调控中的作用机制等。

人类对宇宙的探索之旅伊始，航天器便不断携带植物或植物的种子上天，用于科学研究。而伴随着成功发射空间站之后，在空间站培育植物生长、开花的实验也已经开展过多次。

那么，人类是从什么时候开始把植物或植物的种子，作为太空之旅的同伴，带入广阔无垠的宇宙中的呢？

1946 年，玉米种子被送上了天，而且后来被成功回收了；接着，黑麦和棉花的种子也被送上了天。1957 年，苏联开始在斯普特尼克系列卫星上进行生物实验，小球藻和各种种子搭乘着一系列的卫星进入太空。1961 年，在苏联发射的世界上第一艘载人飞船东方 1 号上，带上了小球藻与伟大的航天员加加林做伴。

早期的航天器都会或多或少地携带一些植物或种子上天，不过可惜的是，这些植物通常都死掉了。

植物能够在太空中生长吗？带着这个问题，科学家开始尝试在宇宙中培育植物。

1977 年，苏联发射的礼炮 6 号空间站搭载了植物栽培试验装置，在天上建了一个小小的"太空温室"。航天员把郁金香球茎种植在一种能产生人造重力的小型离心机里，植物不仅活了下来，而且生长情况良好。据报道，经过类似方法培育的洋葱也长得不错。1980 年，航天员开始试着在"太空温室"里培植兰花。

但是，兰花的培养过程困难重重！从实验报告看，尽管航天员带上天的兰花有的已经有了花苞，一副很容易就开花的样子，但这些花并没有绽开，仅仅是植株在生长。更令人伤心的是，本来有些兰花已经是开放的状态，但在太空中几乎立刻就"香消玉殒"了，不过植株本身倒是长得很健康。这些兰花在礼炮 6 号空间站上生长了 6 个月，最后仍然没有开花，这实在让航天员沮丧。

　　不过，科学家并没有气馁。1982 年，在礼炮 7 号空间站上的"太空温室"中，兰花在人造土壤里长势良好，并最终开了花，实现了从种子到种子的完整生命周期。研究人员认为，开花与否应该还是与重力问题息息相关。

　　在我国发射的天宫二号空间实验室里，开展了高等植物培养实验，携带了拟南芥和水稻上天。这是我国首次在太空环境下实现为期 6 个月的植物从种子到种子全生命周期培养，科学家可以观察到植物的种子，在太空中从萌发、生长、开花到结实的全过程。

✈ 太空沙拉

　　国际空间站的植物实验室成立于 2014 年 5 月。它的功能除了研究植物在太空的生长状况，同时，也是为了探索如何使航天员能自给自足地在太空中吃上新鲜蔬菜。航天员曾经尝试在空间站中种植过各式各样的植物，因此，现在在太空飞行中，"种菜吃菜"也不算新鲜事儿了，太空沙拉已经是航天员的日常菜肴了。

　　航天员在空间站进行太空育种试验，会特地挑选生长周期较短的萝卜和大白菜等植物进行太空培育，同时也观察太空环境会对各种植物在生长发育等方面产生什么样的影响。空间站实验室已经成功种植过红生菜和芝麻菜。

　　2015 年，国际空间站的航天员吃上了自己亲手种的蔬菜，并且用橄榄油和醋作调料调制了太空沙拉，并表示："味道好极啦。"除此之外，空间站的航天员已经掌握了多次收割的收获技术：只从新鲜生菜或科学样本上收获特定的叶子，剩下的叶子和植物的根茎将保持完整并继续生长，大约每 10 天进行一轮收割。这项技术的目标是增加在轨作物的产量，同时也可以给航天员的日常饮食补充新鲜且营养丰富的食物。这也意味着以后在长时间的星际飞行中，航天员可以在飞船中种植蔬菜，作为食物的补充。

　　我国的航天员景海鹏也曾在神舟十一号飞船中种植过生菜，这是我国首次在太空中人工栽培蔬菜，为探索太空迈出了重大一步。那么，景海鹏是如何在太空中当"农夫"的呢？

在地面种植植物，我们需要土壤，神舟十一号种植生菜使用的"土壤"是蛭石。蛭石是一种矿物质，吸水性很强，水分在其中传导很均匀，即使是在地面有重力的情况下，水分由下向上吸附也非常流畅。在太空环境中，植物的生长同样需要光照。神舟十一号中种植的生菜，是通过 LED 照明系统来解决光照问题的。使用 LED 灯栽培植物的概念，可以追溯至 20 世纪 90 年代的美国国家航空航天局（NASA）。研究人员发现，蓝色光和红色光是植物生长的基本条件，而绿色光则可以帮助人类强化对植物的视觉映象。有了充足的营养、水分和光照，景海鹏也成了一名成功的"太空农夫"。

✈ 最好的治愈——太空植物与航天员心理健康

在研究了太空中种植植物与航天员的心理健康关系之后，一篇题为《长期太空任务中植物对人类的相互作用》的论文揭示了令人惊讶的结论——植物在维持空间人员的心理健康方面发挥着重要的作用。太空植物实验的下一个前沿，是研究植物生命对航天员的心理影响。太空旅行会导致航天员出现睡眠障碍、能量减少、注意力不集中，甚至记忆力丧失等难以解决的问题，而且长期的太空旅行虽然令人兴奋，但是这种危险的、长期的密闭环境，可能使人们更加敌对，行为更加冲动。一旦出现问题，将会酿成无法挽回的悲剧。

许多研究表明，园艺，哪怕只是植物的存在，都会给人们带来积极的心理影响，使他们更快乐、更社会化。园艺可以帮助人们与自然相处，令人放松。研究还表明，人类有寻找其他自然生命的倾向。这可能也说明了为什么太空旅行对人类心理影响如此危险，而植物恰好可以帮助减少与太空旅行有关的社会学和认知问题。

航天员对自己种植的植物表现出了强烈的情感依恋，花时间种植物对他们来说不仅不是一件苦差事，而是一种奖励。航天员唐·佩蒂特在太空日记中写道："为了能靠近种植的西葫芦，其他航天员甚至愿意帮忙给它的过滤器除菌。"国际空间站上的航天员也表示："如果去火星，我们需要一个花园！"

✈ 太空种植依旧困难重重

到目前为止，尽管科学家在太空中已经开展了多次植物生长实验，但要在太空条件下成功稳定地生产粮食与蔬菜等作物，为航天员长期提供食物来源，还有很多困难要解决。

首先，空间站空间狭小。空间站站舱的主要用途是科学研究和实验，所以能在太空种植的农作物必须是矮而小的；此外，由于舱内光线不充足，这些农作物对光线的要求不能太高；还有一点很重要，这些农作物要有很强的抗病能力。

其次，太空种植需要克服许多与植物生长发育有关的环境因素问题，如微重力和宇宙线的影响。地球上所有的生命都是在正常的重力条件下演化而来的，它们的生长发育、代谢、行为特征等生理现象都与地球正常的重力相适应，很多生物还演化出专门感知重力变化的器官或细胞器。比如，重力会引导植物的生长方向，但是在太空中，植物在微重力条件下，生长会表现为无一定方向性，这可能会影响植物有效的光合作用，导致产量大大减少。

专家认为，如果未来人类要超越火星和月球去探索深空，必须要继续训练足够多的"太空园丁"。小小的植物，愿你们苗壮成长，为人类探索太空铺平道路。

✈ 太空花园——宇宙中的浪漫

还记得那个著名的童话故事《小王子》吗？因为有一朵我们看不到的花儿，星星才显得如此美丽。小王子的星球上有一朵娇艳的玫瑰花，在荒无人烟的星球上，它成为小王子心中浪漫的代名词。

有没有想过，在荒无人烟的苍凉宇宙中，真的开出一朵花？事实上，有人的地方就有花的影子，太空中也已经有鲜花盛放了！让我们来看一看在太空中开放过的那些花儿吧。

2016 年 1 月，NASA 航天员斯科特·凯利在推特上晒出一朵怒放的花的照片，他骄傲地宣称："这是在国际空间站上开出的太空花。"这朵怒放的橙色花，学名叫百日菊，从颜色和造型来看，和地球上的百日菊差异不太大，不过因为在太空中的微重力环境下，百日菊的花瓣更开放，像是平的，仿佛倾尽全力在伸展，不像地球上的花朵那样形成卷曲的弧度。

■ NASA 航天员斯科特在推特上晒出的照片——一朵橙色的百日菊。

为什么会选择百日菊上天呢？因为颜值高吗？当然不是！百日菊不但是可以欣赏的花儿，也是可以食用的，可以用作航天员的沙拉配菜。不过选定百日菊上天，主要是因为 NASA 认为这是一种非常不好种植的植物，NASA 做这些实验，并不完全是为了吃，而是想看看如何在太空中开发栽种技能。

如果科学家可以慢慢摸索出在特殊环境下植物开花的条件，那么接下来种植结果的植物就相对容易了，或许有一天，人类真的能在火星上种花、种树、种番茄和土豆。

斯科特被派来照顾这位"小美人"，他之前有过照料生菜的经验，所有需要的工具他都一应俱全，地面科学家会根据百日菊的生长特点给他提供一些细节上的技术支援，让他更好地了解百日菊的习性。

这位"小美人"的成长并非一帆风顺，中途好几次差点夭折。百日菊对环境参数和光线需求很敏感，生长周期也更长，需要 60～80 天。种下去两个多礼拜后，斯科特就发现百日菊的叶子边缘会渗出水珠，而且这种现象越来越严重。这种现象其实是植物的"吐水现象"，当植物的细胞内部水分过多、压力过大的时候，它们就会自动向外渗水。更令人心焦的是，斯科特发现百日菊的叶子开始出现大幅卷曲的情况，这表明植物可能处于烂根状态。在地球的凌晨时分，地面科学家接到了斯科特来自太空的求救电话："太空花园里的百日菊麻烦大了，百日菊出现了细菌感染的状况。"地面植物专家团队在凌晨 4 点起床，花了 4 个小时，制定了如何处理百日菊的紧急方案。斯科特戴上防毒面具，切掉百日菊被感染的组织，然后他用清洁湿巾给植物叶子消毒，为了让花儿有干燥一点的环境，他用一架风扇对着百日菊吹。

2015 年 12 月 25 日，斯科特向地面团队汇报新进展，用风扇吹的时间似乎有点长了，以至于有些植物出现了脱水的症状，其中两株百日菊在新年当天不幸死亡。幸运的是，硕果仅存的百日菊长势喜人，2016 年 1 月 8 日，活下来的两株百日菊有了开花的迹象。1 月 12 日，花苞的第一片花瓣打开了，并最终顺利开花。

除了这株可爱的百日菊，太空中还开过哪些花呢？让我们一起来看一看吧。

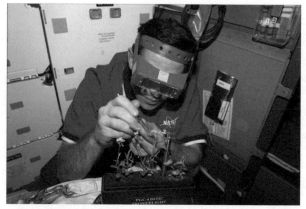

■ 芸薹属植物在航天飞机上生长了 16 天。

■ 2003 年，在太空中开放的豌豆花。

2012 年，作为一项个人实验，NASA 的航天员唐·佩蒂特开始在空间站种植西葫芦和向日葵。在西葫芦开花的当天，他在自己的太空日记里写道："我的一个花蕾今天开花了。令人惊讶的是，它并没完全打开，看起来更像一个倒置的、卡在半空的橙色伞，球形雄蕊散发出诱人的香味。"有趣的是，开花当天，他并没有把这个好消息告诉自己的同事，而是选择了自己静静地享受这个秘密。情人节那天，佩蒂特把西葫芦花用胶带封住，决定把它带回地球作为纪念。

■ 2012 年 3 月，太空西葫芦开花了！

　　不只是西葫芦，佩蒂特在太空中种植的向日葵也成功开花了。由于是个人实验，种子并未消毒，向日葵差点没有挺到开花的时候。佩蒂特在向日葵生长的过程中发现叶子上覆盖着干枯的黑斑，而航天员医疗器材用具是专为动物而不是植物设计的，所以没有针对这种疾病的药物。不知道是不是可行，他只好用含有苯扎氯铵的消毒剂擦拭向日葵，好在向日葵最终活下来了。

■ 2012 年 6 月，佩蒂特嗅到了他在太空站上种植的向日葵的花香。

■ 向日葵在空间站上绽放。

2016 年，我国神舟十一号飞船返回舱携带的高等植物培养箱返回单元被顺利回收并运抵北京，高等植物培养箱返回单元内的拟南芥种子，经历了 48 天的空间培育生长，已抽薹开花和结荚，科研人员展示了从太空返回并开花的拟南芥，它已经在太空中完成了从种子到种子的发育全过程。

■ 从太空返回地球并开花的拟南芥。

看了这些在太空中开放的花儿，是不是感觉头顶上的星空和浩瀚的宇宙多了一抹温馨与浪漫呢？随着地球资源的消耗，人类很有可能将来要离开我们的地球家园，进入茫茫宇宙，花儿将会在未来的星际征程中，为人类的心灵带来一丝丝慰藉。

✈ 不再向下生长的根

大家对于地球上植物的生长一定不会陌生，在地球上，植物的根顺着重力方向向下生长，而茎逆着重力方向向上生长，这种现象叫作向重力性。那么，植物的根为什么长在地底下而且还越长越深呢？是什么让它向地下长的呢？

植物的反应速度比人类想象的要快，也更加敏感，它们能在一瞬间探测到光的变化，并能在几分钟内弯向光源，它们对重力的反应也同样快。就像人类一样，植物好像能感知到重力，以及重力的方向，在地球重力的引导下，植物的根会找到进入土壤的路径。是不是很神奇？那么，植物是如何感受到重力的呢？

事实上，这在科学界是一个很大的科学问题。研究表明，体内或体外细胞周围物理环境的变化可以间接引起细胞内的变化，细胞可以感受到力学信号，并且这些信号可能会造成许多信号通路的变化。植物能够响应重力，以及光、温度、磁场或电场等环境的刺激，但是在地球上这些响应被植物对重力的响应掩盖。航天飞行为揭示力敏感系统的存在提供了独特的机会，植物学家可以在飞船微重力环境中研究植物。

植物对重力的响应在哪里发生？研究发现，切除根就废除了植物感受重力的能力，也就是说，这个"重力感应器"应该在植物的根部。目前已经有研究表明，植物在重力场中定位其器官的能力似乎与细胞内一种被称作平衡石的颗粒的沉降作用有关，每一个平衡石含有许多淀粉粒并被两层膜包裹，这一结构被称为造粉体。随着平衡石的运动，细胞受到力的刺激，比如，在地球上根垂直时，平衡石沉降在细胞的底部，但根水平放置 3 小时后，平衡石沉降到细胞的侧壁。同时，植物体内含有一种叫作生长素的激素。在重力环境中，生长素将积聚在茎中并刺激细胞膨胀，这将导致茎弯曲指向上方，使茎向光生长。类似地，生长素可以控制根中的细胞伸长，并促进根向下生长。

但是，在太空中，植物的根却不再向下生长，而是以振荡或螺旋的方式生长，这种现象被称为环化，我们可以在围绕物体生长的葡萄藤中看到类似的现象。国际空间站曾经开展过相关的实验，以便在空间环境的微重力和变重力条件下对此进行研究。拟南芥在太空中以种子的形态开始生长，并在正常的微重力环境和模拟 0.8 个地球正常重力水平的离心机中观察。在 0.8 个地球正常重力水平下，植物的环化幅度是微重力环境下的 5～10 倍。

之前在探测火箭、长臂离心机和零重力抛物运动实验中显示，重力变化使基因表达发生了巨大的变化，植物根部发生形变。

欧洲科学家曾经在一架飞机上实时拍摄了树根生长的过程，这架飞机模拟了不同的重力水平。研究使用了生物学家熟知的植物——拟南芥，它的快速生长特性和同心圆细胞使它易于研究。有科学家做过这样一个研究：将生长 7 天的植物根部反复置于微重力环境中来研究重力改变对植物生长的影响。科学家用高分辨率显微镜对 8 个植物在微重力环境下的生长情况进行监测，该设备配有激光和旋转圆盘，可以对每个植物的根部进行详细的扫描，并通过荧光标记实时跟踪发生在根尖的细胞变化。

怎么样，是不是很有趣？研究植物的根在微重力环境中的行为不但有利于将来在太空中培育植物，也能够使科学家对地球上植物根部的向重力性机理得到进一步的认识。

02
太空动物——"鸡犬也升天"

▼

大家都知道，把地球生命送入太空是有很大风险的，那么，在人类进入太空之前，为了测试，研究人员会试着先把小动物作为"小白鼠"送入太空。这些冒着"大无畏"的精神，代替人类作为先锋进入宇宙的动物，堪称是"太空英雄"！让我们一起来看看，都有哪些小动物榜上有名吧。

✈ 能在真空中生存的水熊虫

我们都知道，如果不穿上航天服，人类是无法在太空中生存的，不过，有一类动物却很强大，堪称是地球上已知的生命力最强的生物，它们竟然可以在太空中存活下来，这就是地球最强物种——体长约 1 毫米的水熊虫。

2007 年，一颗卫星把数千只水熊虫送入了太空。在卫星返回地面之后，科学家发现有许多水熊虫幸存了下来，不仅如此，一些雌性水熊虫还在太空中孕育了下一代，回到地球之后新孵化的小水熊虫也都很健康。

2011 年，水熊虫被带上了国际空间站，在飞船外没有氧气、微重力、强辐射的环境下，生命力顽强的水熊虫依然活了下来。水熊虫为什么能够在如此严酷的环境下生存？日本科学家通过对水熊虫进行基因组分析，发现了水熊虫体内含有一件法宝——一种可以"防辐射"的蛋白质。

✈ 太空狗狗

1957年，苏联发射了世界上第二颗人造卫星——斯普特尼克2号，并搭乘了小狗莱卡，它是第一个搭乘航空器在太空中绕地球运行的动物。莱卡是一只大约3岁的西伯利亚哈士奇，它是一只流浪狗，苏联科学家认为一只流浪狗已经学会了忍受饥饿和寒冷的严酷条件，在太空中更有机会活下来，所以选中了它。不幸的是，在卫星发射后不久，莱卡的心跳就加速到平时的3倍，再加上温度骤升，莱卡很快就死去了，没有完成预定的任务。

1960年，苏联的太空犬卑尔卡和斯特拉卡乘坐人造卫星进入太空，在太空中度过了一天后，它们成功地返回了地面。

1966年，中国把名叫小豹和姗姗的两只小狗用生物实验火箭T-7A（S2）送上了距地面70千米的高空，这两只小狗后来成功地安全回到地面。

✈ 太空猴子

1948年6月11日，一只名叫艾伯特的猕猴随着美国V-2火箭的发射进入太空，不过可惜的是，在飞行过程中，艾伯特死于窒息。

1949年6月14日，艾伯特的后裔艾伯特二世也成了一名光荣的太空猴，它继承了前辈的大业，成功地进入了太空，赢得了"第一只太空猴"的美名。但可惜的是，在返回地面时，艾伯特二世因为降落伞出了问题而英勇献身。悲壮的是，后来的艾伯特三世、四世和五世在太空探险中，也相继遇难。直到1951年，猴子艾伯特六世搭乘空蜂火箭升空，这次离成功只差一步，虽然活着回来了，但是在着陆两个小时后，艾伯特六世还是由于密封舱温度过高而死亡。

　　能够在太空飞行中幸存的猴子终于出现了。1959 年，猕猴艾布尔和松鼠猴贝克尔被送到距离地面约 483 千米的高空，经过 15 天的太空飞行之后，这两只猴子幸运地返航了，不过可惜的是，艾布尔在摘除插入体内电极的手术中因感染而死亡，而贝克尔一直健康地活到了 27 岁。

✖ 太空猩猩

　　1961 年，黑猩猩哈姆成了美国太空计划中第一只被发射进入太空的黑猩猩。哈姆是一只来自非洲喀麦隆的黑猩猩，在成为一名"动物航天员"之前，它曾经是佛罗里达州一家动物园里非常受游客欢迎的动物明星，后来被招募到霍洛曼空军基地航空航天医学研究中心。

　　1961 年 1 月 31 日，哈姆乘坐水星号飞船进入太空，成为第一个进入太空的类人猿。在 16 分钟的飞行过程中，哈姆虽然承受着失重的困扰，但是它并没有受到伤害，当救护人员打开舱门时，发现哈姆姿态很放松地将两手交叉在胸前，出舱之后还很开心地拿着慰劳它的一个大苹果大吃起来。它在整个太空旅行过程中只是轻微擦伤了鼻子，也就是在这次实验后，NASA 开始尝试将人类送入太空。

✖ 太空猫

　　第一个把猫送入太空的是法国人。1963 年 10 月 18 日，一只来自巴黎的名为费莉切特的母猫被火箭送入太空。它是第一只进入太空的猫，而且它最后也成功地活着回到了地球。

✈ 太空青蛙

1970 年 11 月 9 日，美国将两只青蛙送入了绕地轨道。这两只青蛙的太空之旅持续了 6 天，研究人员成功地收集到了所需的实验数据。1992 年，为了研究微重力状态对两栖动物的卵受精和孵化的影响，美国奋进号航天飞机搭载着青蛙进入太空。由于青蛙、蟾蜍等两栖动物可以用来测量生态环境的健康指数，青蛙也成了上天的常客，已经至少有数十只青蛙被送往太空进行实验。

✈ 太空鱼类

底鳉是第一种遨游太空的鱼类，这种鱼在极端环境下也具有旺盛的生命力，是科学研究项目的常用鱼类。1973 年，一对底鳉鱼随飞船进入了太空。

1997 年，为了研究失重对神经系统的影响，科学家把具有跟人类相似听力结构的豹蟾鱼利用美国哥伦比亚号航天飞机送入太空。再后来，日本的青鳉鱼因通体透明及基因组测序已经完成，成了国际空间站的常用研究用鱼类。

✈ 太空老鼠

1961 年，法国人将一只老鼠送入太空，这只名叫埃克托尔的小老鼠被送到了距离地面约 150 千米的高空，后来活着回到了地球。

1998 年，在哥伦比亚号航天飞机中，在地球上还不会走路的幼鼠竟然自己学会了在失重状态下行走。有趣的是，就像人类一样，它们学会了在微重力下的飘移方式，用脚蹬着航天飞机的舱壁和地板，借助这个力飘到自己想去的地方。

✈ 虫类

虽然蜘蛛在地球上不是什么特别讨喜的动物，但却是科学家实验的好对象。1973 年，两只蜘蛛被送上了近地轨道，而且在适应了失重的状态之后还在太空中织出了网，只不过在太空中织出来的蜘蛛网不像在地球上织出的蜘蛛网那样厚度均匀。2008 年，又有两只蜘蛛跟着奋进号航天飞机进入太空，刚开始，这两只蜘蛛似乎还不太能适应失重的生活，织出来的蜘蛛网杂乱无章。一个星期后，两只"聪明"的蜘蛛适应了太空生活，在太空微重力条件下也编织出了符合地球标准的精巧的蜘蛛网。

1984 年，3000 多只蜜蜂跟着挑战者号航天飞机升空，一开始，这些蜜蜂在太空中像没头苍蝇一样，要么在原地拍打着翅膀，要么在玻璃箱内到处飞动。最初的迷茫过去之后，它们开始逐渐适应太空的环境，并开始安家筑蜂巢。最后，甚至有一只蜂王在太空中产下了 35 个蜂卵。

动物对于科学家理解微重力对生物功能的影响方面有着重要作用。很多动物都曾被科学家在太空中研究过，比如黄蜂、甲虫、陆龟、苍蝇、蠕虫、鱼、蜘蛛、兔子、蜜蜂、蚂蚁、青蛙、蟋蟀、老鼠、蝾螈、蜗牛、海胆、飞蛾、蝎子和蟑螂等。截止到现在，各国科学家已经从失败的经验中，在动物选择、训练上总结出了自己的准则，以降低动物进入太空的死亡率。

科学家常用的模式生物线虫很早并且多次被送入太空，早在阿波罗 16 号升空的时候，航天员就携带线虫登上了月球；2006 年，4000 只线虫被送到了国际空间站，观察微重力对它们的影响。事实证明，线虫在太空中适应良好，虫卵在太空中不仅顺利长大成虫，还成功地繁衍了子孙后代，在整个实验过程中，它们整整繁衍了 12 代。

正是这些小小的进入太空的动物作为先驱，或者利用对它们在太空环境中的研究成果，人类才能够以最小的代价进入太空，并且事先为太空中人体可能发生的各种状况做准备。

03
在太空中的小小透明鱼

▼

　　我们都听说过把猴子或狗带到太空的奇闻，那么鱼能够在太空中生存吗？日本宇宙航空研究开发机构（JAXA）曾经将鱼送上太空进行一系列的测试实验，目的是帮助人们更加深入地了解地面人类的健康问题。

　　2012 年 7 月 20 日，JAXA 将一个水族箱送上了国际空间站。这个水族箱是做什么的？虽然水族箱为地球上的人类提供了一种轻松的消遣方式，但娱乐并不是国际空间站上这个水族箱的目的。实际上，研究人员将使用这个独特的设施来研究微重力对水生生物的影响。在太空中养鱼，究竟是一种什么样的体验呢？

　　这个水族箱被称为"水生生物栖息地（Aquatic Habitat，AQH）"，它由日本发射的第三艘 H-Ⅱ无人自动货运飞船送往国际空间站，安放在国际空间站上的日本实验舱内。AQH 用来研究失重会对水生生物产生何种影响，以帮助人们更加深入地理解地面人类的健康问题。

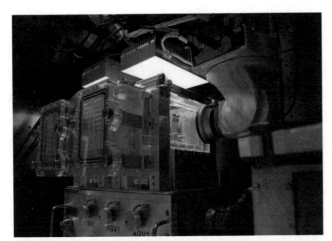

■ JAXA 在国际空间站上研究鱼类的 AQH。

■ JAXA 航天员将鱼转移到国际空间站的 AQH 之中。

　　AQH 主要由 4 个部分组成，包括两个鱼类栖息空间、水循环系统、控制单元和 CCD 相机（一种灵敏度高、体积小、抗振的相机）。这个水族箱会自动给鱼类提供饲料、注入氧气、控制温度，并有一个取样装置。自动喂食系统可以根据需要，对不同的进料顺序进行编程。此外，AQH 配置的水循环系统还可以监测水的 pH、水温、溶解氧、水的流速和水压，生物过滤器和气体交换器可以用来保持环境系统的质量，特殊的细菌过滤器可以去除一些杂质，使这些鱼在太空中存活约 90 天。AQH 里的 LED 灯用来为鱼模拟日夜更替，并为 CCD 相机提供必要的照明，该相机可以全程拍摄、记录鱼的存活状况。同时，所有的数据可以传输到地面进行监测和分析。

水族箱还配备了显微镜，可以对鱼类胚胎和幼虫进行显微荧光观察。不仅如此，AQH复杂的过滤系统甚至可以使鱼在国际空间站进行繁殖，这意味着科学家可以对天上的鱼进行多代繁殖研究，即科学家可以史无前例的对首次在太空中诞生的鱼类进行直接研究。

AQH能够容纳小型淡水鱼类，例如斑马鱼。研究人员第一次使用这个水族箱研究的是一种叫作青鳉的鱼。通过观察青鳉这种小型淡水鱼类在太空辐射环境下的骨骼退化及肌肉萎缩等症状，进行发育生物学研究。然而，为什么地球上这么多种鱼类，小小的青鳉鱼却成为科学家带上太空进行研究的第一宠儿呢？

这是因为青鳉鱼是非常理想的实验对象。

第一，它通体透明，研究人员能透过它们透明的皮肤观察到其体内的器官。通过使用荧光蛋白标记成骨细胞和破骨细胞，研究人员可以在太空飞行期间观察青鳉鱼细胞和基因的变化。在太空环境中做研究，能够便捷地进行观察是一个巨大的优点。

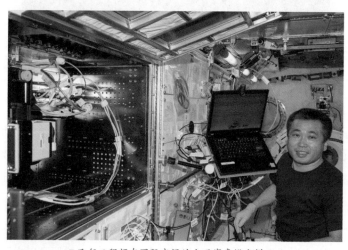

■飞行工程师在国际空间站上观察青鳉鱼样品。

第二，青鳉鱼是脊椎动物，这意味着它们具有骨骼和肌肉，可以以它们为样本进行微重力对肌肉、骨骼系统影响的研究。

第三，青鳉鱼繁殖力强。它们可以在微重力环境中迅速繁殖，这个优点可以使研究人员对它们进行多代研究。

第四，青鳉鱼体轻、个小、易养护，符合太空实验要求。

除了以上原因外，还有一个更重要的原因：青鳉鱼的基因组已经完成测定。因此，如果在太空中青鳉鱼的基因有变化，就可以很容易地辨识出。

JAXA 把青鳉鱼送上天的实验目的是观察微重力对成骨细胞和破骨细胞活性的影响，并希望通过在微重力作用下研究青鳉鱼骨骼的变化，来帮助科学家找到一种有利于人类治疗骨质疏松症的新疗法。研究人员称，在地球上，阐明与年龄相关的骨质疏松机制是个难题，而在太空中对青鳉鱼的研究中发现的受微重力影响产生的新基因可以为阐明这一机制提供很好的动物模型。

用青鳉鱼进行的基础研究可以使面临骨丢失的航天员、骨质疏松症患者和行动不便的人最终受益。实际上，整个太空鱼多样性实验包括在太空环境下对鱼类的放射线影响、鱼类骨骼退化、肌肉萎缩等生理状态的研究。研究人员认为这些影响完全适用于人类，这将有助于科学家更好地理解并解决地球上与人类健康相关的问题。

04
小小空间 "偷渡者"

▼

微生物是一种广泛存在的、适应能力强的常见环境生物。作为地球广泛存在的生命形态，微生物具有很强的极端环境适应能力。那么，小而强大的微生物，能够在充满宇宙线等物质的极端环境中存活下来吗？

答案：是的。

事实上，在人体表面、呼吸道和肠道内寄居着大量微生物，当航天员随着航天器进入太空飞行时，各种微生物也随着人体及航天器一起作为"偷渡者"进入了太空。

已经有文献报道，在国际空间站和航天员的成员舱中，多种微生物已经被检测出来了。国外研究表明，在和平号空间站内的水循环系统中，检测出包括荧光假单胞菌在内的至少4种微生物，在太空生活了4个月的航天员的体表也检测出了包括金黄色葡萄球菌在内的多种微生物。到目前为止，已经在空间站上分离得到了多种微生物。这些微生物的存在对航天员的健康有着潜在的威胁，同时也会影响各种精密航天仪器的正常工作。

科学家在空间环境下研究的微生物范围很广，主要包括大肠杆菌、鼠伤寒沙门氏菌、铜绿假单胞菌、金黄色葡萄球菌、酿酒酵母、毕赤酵母、枯草芽孢杆菌、链霉菌、白念珠菌、肺炎链球菌、鼠疫耶尔森菌及嗜盐古菌等。这些被发现的菌株大部分为致病菌。

那么，科学家主要研究这些小小的空间"偷渡者"哪些方面呢？

目前的重点研究方向主要集中在微生物在空间的细胞毒性、抗性，以及耐药性等方面。在非致病菌中，枯草芽孢杆菌和链霉菌研究的频率较高。枯草芽孢杆菌研究主要侧重其生长率，而链霉菌研究主要侧重其次级代谢。而在真菌中，主要研究对象为酿酒酵母和毕赤酵母。酿酒酵母主要侧重研究其出芽生长过程及基因表达模式，毕赤酵母主要测定其重组蛋白表达量。在古菌中，主要研究嗜盐古菌的蛋白质表达和细胞抗性。

微重力及辐射环境可以诱导微生物生理生化和遗传性状等发生变异。一些在地球上原本对人体和环境无害的微生物种群很有可能会在毒力、致病性、抗生素敏感性等方面发生改变。

例如，微重力环境不但会影响微生物的整体形态，还会引起微生物超微结构的改变。在模拟微重力环境对大肠杆菌形态与表面超微结构影响的研究中发现，正常重力环境中菌体为典型的短棒状或短圆柱状，形态均一，菌体饱满、充盈，表面圆润光滑；而经模拟微重力回转器处理后，菌体发生了明显的变化——它的形态变得多样，长度变短，多呈短立方体状，菌体表面凹陷、边界棱角分明。如果用原子力显微镜观察就会发现，地球上正常大肠杆菌为短杆状，周身有鞭毛，表面相对平滑均匀，经模拟微重力回转器处理后，细菌细胞壁结构发生了变化，菌体表面出现明显的凹凸，鞭毛明显减少。

那么，微生物在太空中还能正常生长吗？研究证实，微重力环境可以影响微生物的生长。

通过使用常见的模式生物，如大肠杆菌、金黄色葡萄球菌等进行研究发现，与地面正常重力下细菌生长过程相比，在微重力条件下，细菌的对数生长期缩短，生长速度明显加快，并使其最终的生物量增加。放线菌属中的庆大霉素产生菌送入太空后，菌株生长周期发生了变化，出现了生长周期缩短或延长的现象。

2013 年以来，研究人员开始聚焦长期空间旅行对航天员微生物群的影响，主要探究太空旅行如何影响人类免疫系统和人体的微生物群落。研究人员将定期从航天员不同身体部位和国际空间站采集样品，带回地球后再进行分析。

05
在空间中更有毒的微生物

▼

　　2007 年，航天飞机空间微重力环境实验发现，空间飞行使鼠伤寒沙门氏菌的毒性增强。鼠伤寒沙门氏菌搭载在航天飞机上飞行 12 天后，对小鼠的毒性几乎增加为地面对照的 3 倍。太空环境可以诱导微生物生理生化和遗传性状等发生变异，一些原本对人体和环境无害的微生物种群也可能会在毒性、致病性、抗生素敏感性等方面发生改变。若不加以控制，变得更"毒"的微生物不仅会直接危害航天员的健康，而且会造成局部环境的生物性污染，侵蚀光学仪器、电子元器件等，严重的话，甚至会威胁飞行安全。

　　载人航天技术是现代科学技术革命的重要领域之一，载人航天器为支持航天员在轨驻留，需要通过载人环境控制系统在密封舱内创造出与地面类似的人工环境，指标包括气压、空气成分、温湿度水平等，但这种环境也为微生物的"横行"提供了有利条件。

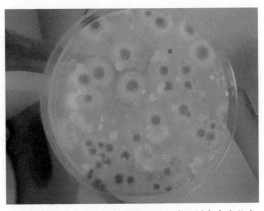

■ 培养皿中为国际空间站微生物跟踪实验样本中生长出的真菌菌落。

自国际空间站建成以来，航天员每隔一段时间都会借助空气采样器和表面接触碟，对密封舱内的微生物进行监测。国外载人航天器在轨经验和地面研究的初步结果表明，微生物会对航天员的健康和平台设备的安全造成威胁。

✈ 微生物对航天员身体健康的危害

目前，在国际空间站上发现的致病细菌主要有葡萄球菌、链球菌和微球菌等。表皮葡萄球菌和人型葡萄球菌会引起航天员皮肤感染、内脏组织器官感染及全身感染，使人体发生化脓性炎症、蜂窝织炎、菌血症等；而链球菌中的肺炎链球菌会导致航天员患上肺炎；变形链球菌主要存在于人体的牙斑中，是造成航天员患上牙齿疾病的主要致病菌。此外，微球菌中的藤黄微球菌和变异微球菌作为机会致病菌，寄生在人体的皮肤、咽喉和眼睛等器官中，当机体抵抗力下降时，会使航天员患上脑膜炎、败血症、脓毒性关节炎、泌尿系统感染等疾病。

在国际空间站上发现的致病真菌主要有青霉菌、黄曲霉、黑曲霉等。其中青霉菌主要通过气溶胶中的孢子及代谢副产物，使航天员患外源性支气管哮喘，还会产生可吸入性青霉素，影响肺部的免疫反应；黄曲霉能产生毒性很强的黄曲霉素，可引起急、慢性中毒，损伤肝肾和神经组织，而且研究发现，长期接触黄曲霉素会引起原发性肝癌。如果航天员不慎吸入黑曲霉，则有可能引起危及生命的侵袭性肺曲霉菌病。

同时，航天员在空间环境中体内的微生态平衡会有所变化，人体免疫力下降，而某些致病生物的感染毒性可能会增强。因此，空间站中微生物对航天员健康带来的危害非常严重。

✈ 微生物对空间站的危害

微生物可以附着在空间站的各种物质上，只要条件合适就能够利用水中的有机物生存，产生有机酸，将材料分解。这会导致空间站的结构强度下降，密封性能降低，空间站用来观察外部的观察窗无法进行观察，从而影响空间站的运行安全，缩短空间站的使用寿命。微生物腐蚀还会导致设备故障，电缆、接插件、电路板等会出现短路、断路等情况。

登上过和平号空间站的航天员都曾在空间站的各个角落发现许多真菌。这些微生物能够腐蚀破坏空间材料，形成生物膜堵塞管道，导致技术设备故障。和平号空间站在长达 15 年的运行过程中曾多次发生由微生物导致的设备故障。例如，第 3 批航天员曾发现一扇舷窗因为霉菌的生长而能见度降低，光学性能下降；第 5 批航天员发现氧气电解装置因为真菌的繁殖而出现堵塞；第 14、15 批航天员在轨期间，温控系统曾发生故障，经调查发现是被真菌繁殖形成的胶状物质堵塞了管道；第 24 批航天员进驻期间，曾发生由于真菌腐蚀造成的电子通信设备故障。

在国际空间站的运行过程中，也曾多次发生微生物腐蚀设备事件。如 2001 年，俄罗斯舱的一个烟感器发生故障，返回地面后调查发现是由真菌对电子部件的降解引起的。

不仅如此，饮用水、收集的废水还很容易受到微生物的污染，并使管路堵塞，造成系统故障。此外，微生物的生物降解还会加速某些材料的老化，加快材料有害气体的释放，甚至与材料发生生物化学反应，释放出新的有害气体，导致密封舱内有害气体超标，威胁航天员的生命安全。

为了保障长期载人飞行过程中人员的健康和系统的运行安全，科学家和航天员需要对空间微生物进行更多的研究，并对其风险进行控制。那么，如何进行空间微生物控制呢？

空间微生物控制是指通过在航天器设计、建造和飞行过程中采取一系列的微生物监测、控制、防护措施，控制空间飞行环境中的微生物水平，防范微生物可能对航天员或飞行系统造成的潜在风险。

太空生活遥远而有限的资源需要简单有效的工艺和程序来监测微生物的存在，尤其是对一些有害的微生物的监测。生物分子提取和测序技术（BEST）推动了太空测序的发展与应用，实时测序可以识别空间站上利用当前方法无法检测到的微生物，并评估太空飞行造成微生物基因组突变的可能。

06
太空微生物知多少

▼

国际空间站的航天员会定期进行太空行走，从空间站外采集样本和材料，这些样本随后会被带回地球，交给科学家，由他们进行分析，进而了解国际空间站的工作情况，以及可能出现的新型太空生命。

■ 国际空间站的航天员在太空行走。

2017 年 10 月，俄罗斯航天员安东·什卡普罗夫称，科学家在国际空间站外部采集的样本中发现了来自太空的活菌。据报道，在太空行走中，航天员在空间站外表面使用棉签采集样本。之后，样品被送回地球。什卡普罗夫告诉塔斯社："事实证明，刚进入太空时并没有发现这些细菌。也就是说，它们是从太空来的生物，到目前为止，这些细菌都在研究之中，似乎没有什么危险。"

这不是俄罗斯航天员第一次声称在国际空间站上发现新型生物。2014年，俄罗斯航天员曾经表示，他们在国际空间站表面发现了海洋浮游生物的证据。俄罗斯联邦航天局发表的一份声明中称，他们在不同年份的实验中发现了分枝杆菌的 DNA 片段、极端嗜热菌的 DNA、与马达加斯加岛土壤样品中发现的细菌密切相关的细菌 DNA、某些古菌种类的 DNA 等。

虽然这个消息令人震惊，但是任何人都不能完全排除什卡普罗夫发现的细菌来自于地球的可能。在太空的极端条件下，一些地球细菌即使在真空状态下，经历从-150~-150℃的剧烈温度变化，也可能在空间站表面存活下来。而且，生活在地球高层大气中未被发现的微生物，有可能多年来通过太空尘埃的高速流动附着在国际空间站的外表面，或者有可能是随着电离层抬升而进入外层空间的地球微生物。

令人惊喜的是，国际空间站上已经安装了对未知微生物进行识别的设施，航天员已经完成了首次在空间站上进行细菌识别的工作。研究人员可以直接从微生物样本中提取 DNA，而不需要使用传统的从样本中培育细菌的方法，因此，可以识别出传统培养方法检测不到的微生物，并且不会增加空间站上可能存在的病原体数量。

该研究的测序组件提供了关于空间站微生物的重要信息，包括哪些微生物存在，以及它们如何在太空环境下做出反应——这些信息有助于在未来的太空探索中保护人类。另外，在太空中实时识别微生物，不仅有助于实时诊断和治疗航天员的疾病，还可识别其他星球上的生命。

■BEST 试图通过 3 个目标来推进在太空中测序的应用——在空间站上识别现有方法无法检测到的微生物，通过太空飞行来评估基因组中的微生物突变，执行 RNA 测序。

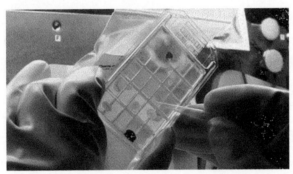

■在微重力科学手套箱内，科学家从培养皿里越来越多的细胞菌落中将细胞转移到微型试管里。

07
太空 DNA 测序——宇宙基因解码

▼

　　大多数地面的分子研究设备体积庞大，并且需要大量的电力才能运行。这两项特性在轨道实验室中很难支持，所以之前需要进行 DNA 放大和测序的研究样本，必须储存在太空中，等待货运飞船运送回地球，这大大增加了研究时间。为此，NASA 开发了一套 DNA 研究的高级桌面工具，仅有手掌大小，包括 MinION、miniPCR 和 WetLab-2，未来还将开发更多的工具和程序。

　　2016 年，NASA 航天员和分子生物学家凯瑟琳·鲁宾斯开始利用生物分子测序仪进行太空 DNA 试验，该工具由 MinION 测序仪和 Surface Pro 3 平板电脑组成。2017 年，这个工具被用于 Space-3 Genes 研究。NASA 航天员佩吉·惠特森收集并测试了空间站周围微生物生长的样本。除了 MinION，航天员还测试了用于执行聚合酶链式反应（PCR）的 miniPCR 仪器。利用这些仪器，实验平台首次实现了在太空中对空间站微生物的识别。

　　目前，这些测试能力被转化成更深入的 DNA 聚焦研究，用于轨道实验室快节奏的科学计划。例如，miniPCR 被用来测试变弱的免疫系统和 DNA 变化。这些研究是由学生设计的，被称为 Space-5 Genes 研究。这项研究希望揭示更多关于航天员的健康信息，以及由于太空飞行产生的潜在压力引起的 DNA 变化。WetLab-2 设备是一套在空间站对生物样本进行实时基因表达分析的工具。后续还将有更多工具被送往太空，支持分子研究。

2016 年 8 月 30 日，NASA 宣布 DNA 测序首次在国际空间站成功完成，科学家将事先准备好的老鼠、病毒和细菌的 DNA 样本带到空间站，由鲁宾斯在太空中进行检测，地面团队成员同步对类似样本进行测序。比较后发现，太空和地球上的两种测序结果完美匹配。这标志着人类已迎来"能对太空活体生物进行基因测序"的全新时代。

有了在太空中测序 DNA 的方法，就能识别出国际空间站内的微生物是否威胁航天员的健康，帮助地面科学家随时了解航天员的生活环境，以便适时告知他们是否要做清洁或服用抗生素，这对于未来长期载人航天飞行具有重要作用。

既然太空测序如此重要，为什么国际空间站服役十几年之后，才实现测序呢？主要是因为地球上的测序仪体积大、过于笨重，而且要在微重力下运行测序仪也是一项技术挑战。

本次太空测序使用的是英国牛津纳米孔公司提供的 MinION 测序仪。MinION 测序仪长约 10 厘米、宽约 2.5 厘米、重约 87 克，如普通 U 盘般大小，比许多巧克力棒或智能手机都小。它由一个传感器芯片、专用集成电路和一个完整的单分子感应测试所需的流控系统构成。

传统测序仪的质量一般超过 50 千克，体积庞大，而 MinION 只有 87 克，比普通的实验室测序仪体积明显小得多，这使它成为太空测序的最佳候选设备。

同时，地球上实验室里用的测序仪大部分涉及光学和其他振动敏感元件，这些不适用于航天飞行和微重力环境，而且还有巨大的电力消耗的弱点。而紧凑的 MinION 测序仪具有最小的移动部件，插入笔记本电脑或平板电脑，即可对其供电。

2014 年，牛津纳米孔公司推出了第一台商用纳米孔测序仪 MinION。2015 年，牛津纳米孔公司与 NASA 合作，开展国际空间站测序计划。2016 年 8 月，太空测序成功实施。这充分说明，随着技术的飞速发展，空间科学与应用技术的升级会大大加速。

医院为了诊断患者疾病，可以将血液或组织样本送到分子生物学实验室进行测试。但人类进行长期太空飞行时，样品无法被送回地球进行分析，航

054 **《** | 人类太空生存的开拓之旅

天员需要自己进行医学测试。随着 WetLab-2 的成功开发和使用，NASA 已经实现了这一目标的第一步。该系统可以使基因表达的分析过程，完全在空间站内进行。

WetLab-2 能提供从端到端的生物样本基因表达分析的检测，而且从提取原始组织到分析数据，全部都在轨道上进行，研究人员称这绝对是首创。

基因表达的研究可以揭示细菌感染的可能性。例如，检测病人样本中的细菌基因表达，可以判断其是否得了传染病。掌握了这些信息，医生就可以选择适当的治疗方法。

WetLab-2 微重力下的实时荧光定量 PCR 技术，也支持空间站在轨实验室生物学的各种研究，如正在研究微重力对肌肉、骨骼、免疫系统和微生物组织的影响，以及相关的基因表达变化。到目前为止，大部分细菌培养物或研究对象的样品必须送回地球进行分析，这样会造成实验结果延迟公布，并且妨碍使用实时数据来调整和改进在轨实验。

在地球上，分子生物学实验室里满布试管、瓶子、粉末、液体和其他设备，无数的耗材用于开展工作。在独特的空间条件下，完成相同类型的研究，需要重新设计和创新一些研究手段。

NASA 及其合作伙伴已经表明，在微重力条件下，可以从新鲜获取的生物样品中纯化细胞，并在分子生物学中体积很小的液体中进行样品处理。WetLab-2 将其提升到一个新的研究水平。

研究人员调整了地球上现有的技术，用于在微重力条件下进行 PCR，最终将实验室过程的所有活动部件，组装成一套可以在空间站使用的操作和试剂盒。具体来说，这些调整包括以冷冻干燥形式包装化学反应所需的液体试剂，以确保长期保质，当需要液体时则重新溶解，并设计系统以确保流体的适当流动和混合。WetLab-2 现在可以在开始处理组织后的几个小时内，在轨生成数据。

2016 年，WetLab-2 被送上空间站，现在是一个低轨分子生物学运行设施。这个设施为航天员、科学家提供了平台，使他们可以在太空飞行期间进行更复杂的生物科学及空间医学诊断实验。

人类，地球母亲孕育的万物之灵，却不甘心将脚步仅仅停留在这一个星球上。从阿波罗登月到我国开始载人航天计划，人类梦想的征途一直是星辰大海，但是，人类的身体毕竟是血肉之躯，能承受得了太空中的微重力环境和各种宇宙辐射吗？人类该如何为星际航行做准备呢？这就需要太空人体科学研究。

Chapter 3

宇宙中的人体

01
太空食品——来一份宇宙黑暗料理吧

▼

对于生活在地球上的我们来说，吃饭、喝水是一件再平常不过的事情，但在失重环境下的太空中生活，航天员连简简单单地吃饭都会变成一个巨大的挑战。

那么，在太空中能吃饭吗？能吃正常的饭菜吗？吃的会不会是我们普通人想象不到的黑暗料理呢？

即使是在航天飞行活动中单纯的进食行为，对航天员来说也是一个不小的考验。在失重条件下，无论是固体还是液体，都会自由地"飞翔"，想象一下食物碎屑在空间站舱内飘来飘去的样子，是不是觉得有些头疼？所以，航天员在地面上原有的吃饭、喝水的习惯，到太空就完全不适用了。

🕊 在太空中怎么吃

人在太空中到底怎样吃东西？1962 年，美国第一个进入太空的航天员约翰·格伦非常担心这个问题。结果，他到了太空后发现，他能够和在地球上一样品尝带去的食物，因为重力并不会影响人类吞咽食物，人体食管内自动收缩和扩张的肌肉能够把食物输送到胃里去，重力并不是必须要有的因素。

人类终于松了一口气，能吃，就能活下去啊！那么，在太空中吃的食物跟地球上的一样吗？

正如大部分读者所料，航天员在太空的营养需求、食品制备和供给，以及他们的进食方式等都有一定的特殊性，与在地面生活时的饮食习惯有着很大的不同。

为了找到解决航天员吃饭问题的最佳方案，科学家面临着许多障碍：不能使用普通的餐具、需要减轻食品重量、食品不能用冰箱储存，以及失重时吃的食物需要特殊的包装等。此外，考虑到航天员是在紧张的情绪下工作，体力和精神负担会有所增加，科学家不得不在保存维生素和微量元素等营养物质的基础之上开发新的菜肴，做到既营养均衡又美味。除了要能经受得住如冲击、振动、加速度等特殊环境因素的影响而不失营养外，航天食品还需要针对航天员在失重条件下的生理改变对膳食的营养素作适当调整。比如，在失重状态下，人体会发生许多变化，钙会从骨质中流失，因此，航天员的饮食应该严格平衡脂肪、蛋白质和碳水化合物。同时，航天员发现他们在飞行前和飞行期间的口味也会改变。

为了方便航天员在太空失重条件下进食，防止食物在飞船舱内四处飘浮，各种食物需要提前固定好。航天员拿出食品后，把装食品的复合塑料膜袋剪开一个小口，把叉子或筷子伸进食品袋里叉着食物往嘴里送。为了防止食品碎屑到处飘飞，影响航天员或设备的正常工作，这种食品往往都是小包装，制成与嘴大小相近的方块、长方块或小球状的"一口吃"食品。如果航天员要喝水，或者食用汤汁类的液态食物，可以直接从塑料口袋或牙膏状的软铝管里，一点一点往嘴里挤。以面包为例，俄罗斯烘焙研究所开发了一种迷你面包，以便航天员在国际空间站可以享用面包而不会有面包屑进入通风系统，这种面包只有一口的大小，而且在质地和口味上，与我们在地球上吃的几乎没有什么区别。

那么，大家对于航天员在天上具体吃什么一定很好奇，让我们来一探究竟吧！

✈ 太空旅行中"吃"的历史

20世纪60年代初，苏联和美国的航天员都是食用铝管包装的肉糜、果酱类膏糊状食物。那个时候的太空食品主要有三种：一种是糊状食品，例如牛肉泥、苹果浆、菜泥和肉菜混合泥等，航天员吃的时候像挤牙膏一样将它们挤压到口中就可以了；一种是"一口吃"食品，就是将食物压成一小块一小块的，航天员在天上一口就可以吃一块；还有一种是复水食品，主要是把食物在地球上进行冷冻干燥处理，到了太空中加水软化就可以吃了。说起来，复水食品现在已应用到日常生活中了，典型的例子就是方便面里的脱水蔬菜包。在加工时，蔬菜要经过烫熟、调味、干燥、装盒等程序。食用时，只需要加入一定的水。菜叶一旦变湿，就会"还原"成餐桌上的熟菜，而且色香味样样俱全，完全可以与普通餐桌的菜肴媲美。为了让航天员在太空也能吃上水果，航天食品的研究人员特制了冻干水果。这类水果制品在脱水情况下，仍然能保持水果的风味，种类包括菠萝、猕猴桃、哈密瓜、草莓等。目前，冻干水果在市场上也可以买到，比如冻榴梿干、香蕉干、葡萄干、苹果干……从理论上来说，几乎所有含水的食品都可以进行冻干。但对某些糖分含量或胶质含量过高的食品及共晶点温度过低的食品来说，冻干会相对困难。比起经过其他技术处理后的水果，冻干水果的营养可以说最接近新鲜水果的营养。

20世纪70年代，在航天员的强烈要求之下，太空食品有了一些改进。美国航天飞机上的航天员可吃到新鲜的蔬菜、水果和加热后的鲜汤等食品。到了20世纪80年代，航天员吃的几乎和地面上一样丰富了，已经达到了使航天员"满意"的水平。航天飞机中安装了更先进的"太空厨房"，航天员在飞行中按照菜单进餐，可以保证一周内菜单不重复，航天员也可以根据自己的爱好点菜，此外，每天还有点心和零食。当时，NASA为航天员设计了70多种不同的食物和20多种饮料，确保了太空食品的多样性。

目前，在空间站阶段，航天员的食谱已经丰富多彩到堪称满汉全席了。

空间站的菜单上有超过 450 种菜肴，奶酪也很受欢迎，它对航天员身体机能的正常运转来说是不可或缺的，因为它富含生物可利用的钙。不同国家的航天员还会进行"食物贸易"，俄罗斯航天员会用俄罗斯奶酪和虾与美国和日本航天员进行生鱼片交易，以货易货。

✈ 未来的太空旅行该如何吃出花样

对于长期载人飞行，特别是对于将来的火星探险和太空移民来说，航天员吃的食品就更加重要了。地球上的研究表明，适宜的饮食对科学探索非常关键，在航海时代，数以百万计的水手因为在航海任务期间缺乏维生素 C 而生病。地球和火星之间的任何旅行都将是漫长的，两颗行星之间的平均距离约为 2.25 亿千米，大概相当于地球周长的 5625 倍。从地球到火星大约需要 10 个月，长期航天飞行不可避免的需要解决食品的生物再生技术，以减少食品的携带量和补给量。

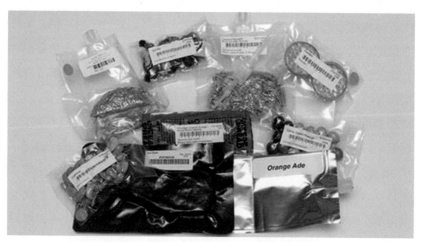

■ 国际空间站航天员目前食用的部分航天食品。

那么，航天员在飞往火星和其他行星的长途太空旅行中应该吃什么呢？美国国家科学院、美国国家工程院和美国国家医学院评估了 NASA 关于太空飞行带来的健康风险，认为这个问题目前很难回答。与航天员在国际空间站的经历不同，到达火星等更遥远地方的探索任务会让他们暴露在极为不同的辐射水平和受其他因素影响的环境中，在长距离的太空飞行中，航天员的身体可能会发生尚未完全了解的改变，这些因素都会影响将哪些食物带上天。实际上我们目前对长期处于太空中的人几乎还没得到很多观察结果。

　　为航天员长距离飞行提供稳定和美味兼具的食物存在着很多挑战。尽管NASA到目前为止设计的食品在延长储存期之后仍可以安全食用，但如果它们流失了关键的营养或是航天员觉得难吃，就会导致他们表现不佳、生病，甚至是死亡。

　　看来，开发新的高科技太空食品还任重道远，感兴趣的读者，也许你们未来可以设计出适合星际航行的美味食物哦！

02
用进废退的肌肉——航天员的肌肉萎缩

▼

从地球表面出现原始生命至今的 30 多亿年中，重力一直在人体的演化中扮演着无时不在而又无法摆脱的角色。我们的身体结构、功能和行为，都已经对重力环境形成了完善而又巧妙的适应，特别是骨骼肌，形成了与地球重力环境相适应的生理结构与功能特征。在地面上，人体为了适应重力环境，必须不断使用某些肌肉来抵抗重力，这些肌肉通常被称为反引力肌肉。在地球上生活的我们进化出了很多反引力肌肉，包括小腿肌肉、股四头肌、臀部肌肉，以及背部和颈部的肌肉等。

然而，当人类从这种已经适应了机体正常运行的地球重力环境，突然进入到失重的环境中时，原来用于抵抗重力作用的一部分反引力肌肉开始"用进废退"了，因为在无重力或微重力条件下工作的航天员，使用这些反引力肌肉要少得多。

航天员进入微重力环境后不久，肌肉就开始萎缩。肌肉萎缩表现为肌肉纤维尺寸减小，而并非数量改变，并将引起肌肉的结构与功能发生变化。肌肉萎缩主要发生在对行走、负重和地面站立起支撑作用的姿态控制肌肉上，而非姿态控制肌肉只有轻微的变化。肌肉质量丢失，可能是由蛋白质合成、分解等肌肉代谢过程变化引起的。例如，在和平号空间站任务中进行的长期飞行实验，发现人体蛋白质合成率下降了 15%。

　　除了肌肉质量丢失之外，肌肉萎缩还会导致肌肉的收缩性能减弱。处于微重力环境下 6 天后，躯干、膝盖和肩部等部位即可见明显的肌肉力量减弱，而且伸肌比屈肌受影响的程度更大。动物实验也证实，在空间条件下，肌肉纤维的重建受到抑制；与此关联的尿氮排泄持续增加，这将对激素和营养调节产生不利影响。

　　航天飞行还会增加骨骼肌的收缩损害易感性，这种情况通常在地面肌肉萎缩病人中出现。骨骼肌的收缩损害易感性增加，将危及航天员在轨活动的安全，并使他们不能承受重返地球后的正常重力。实际上，太空飞行后航天员出现的瘦弱、疲劳、协调性不足及延后发生的肌肉酸痛等症状，与卧床病人和老年人相似。

　　肌肉萎缩对航天员的健康与工作开展造成了明显威胁。在太空停留的时间越长，肌肉萎缩越严重。在长期飞行中若不加以防护，肌肉质量的丢失可能达到 50%。而航天员在重新进入地球引力场时，肌肉质量的损失意味着力量的丧失，这可能具有潜在危险，尤其是对于长时间执行太空任务而言。

　　那么，航天员怎样才能避免肌肉萎缩呢？

　　有一种方法可以防止微重力情况下的肌肉萎缩——航天员必须进行密集而规律的体育锻炼。此外，充足的饮食也很重要。航天员每天必须进行两小时的体育锻炼，并且进食营养均衡的食物。为了尽量减少空间任务期间体育训练的时间，研究者正在研究使用肌肉电刺激来维持肌肉力量和肌肉质量。

　　国际空间站使用的肌肉萎缩研究和锻炼系统（MARES）是三位一体的肌肉测量仪，用来监测航天员的肌肉水平。MARES 提供了一个关于肌肉速度和力量的完整框架，如肘关节或膝关节弯曲，MARES 可以绘制这种动作精细的运动轨迹，并精确地概述肌肉的扭矩和速度。

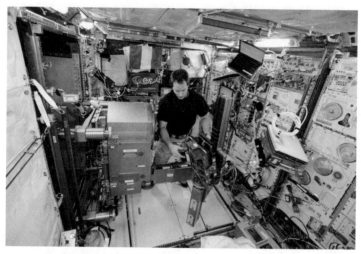

■MARES 是国际空间站三位一体的肌肉测量仪，用来监测航天员的肌肉。

03

太空辐射会让人变"脑残"吗

▼

把人类送到火星或者更远的星球的任务，一直是各航天大国的愿望。NASA 曾打算在 21 世纪 30 年代把人类送至火星，但长期太空旅行会对人体造成什么样的威胁呢？

据国外媒体报道，执行火星任务的航天员可能会遭遇到严重的宇宙线的照射。一般情况下，前往火星的航天员需要进行大约 20 个月的空间飞行，才能实现往返。而长时间的太空旅行，可能会遭遇银河宇宙线的威胁，导致中枢神经系统出现显著的损伤，进而出现认知上的障碍。专家认为，一旦神经细胞树突受损，大脑的功能就会下降，结构性的变化会导致电化学信号无法正常传导，就会直接影响学习能力和记忆行为，使航天员无法准确执行此前制定的任务，致使任务失败。银河宇宙线的剂量越大，航天员患上脑癌的概率也越大，科学家通过化学药物治疗和全脑照射已经确认了宇宙线对大脑的影响。

研究人员用小鼠做实验的时候发现：在接触类似银河宇宙线的高能带电粒子辐射（类似于航天员在长时间航天飞行过程中遭遇的银河宇宙线）的小鼠身上，观察到了其中枢神经系统受到损害和认知能力下降。

科学家把小鼠置于充满强辐射粒子的空间里，以模仿宇宙空间中充满射线的环境，让这只小鼠连续 6 周接受带电粒子的辐射。6 周以后发现，这些完全离子化的氧和钛会导致小鼠的大脑发炎，从而影响到神经元之间的信号传输。研究人员称，小鼠整个大脑中心系统都受到了影响，导致整体认知能力下降，而且脑电波与精神错乱的信号很相似。

■人类的最终目标是星辰大海，动物是人类进入太空的先驱。

这对人类来说不是个好消息。

国际空间站的航天员之所以没有出现严重的脑部问题，是因为在近地轨道上仍然是安全的，他们仍然在地球磁场的保护范围之内。一般情况下，各国航天员以轮流的方式执行前往国际空间站的驻留任务，每期约 6 个月，时间比较短，暂时没有太大影响。后来，NASA 航天员斯科特·凯利在国际空间站开始了为期一年的常驻任务，以测试较长时间的航天飞行对人体和思维的影响。

在飞行任务开始前、期间和任务结束后，研究人员多次对斯科特和他在地球上的双胞胎兄弟进行了专门为航天员设计的认知测试，以研究太空环境对人类认知能力的影响。认知测试由 10 项经过验证的神经心理学测试组成。

令人欣慰的是，据 2017 年公布的报告显示，太空任务时间的延长并没有使斯科特的认知能力出现显著下降，这可以让很多航天员大大放心了。只不过在飞行后，斯科特出现了认知速度和准度明显下降的现象，这可能是由于斯科特回到地球后，身体器官需要重新适应地球引力造成的，也可能与任务结束后斯科特繁忙的日程安排有关——毕竟作为名人有许多宣传活动要出席！

但是，当航天员进入深空时，脱离了地球磁场的保护，银河宇宙线的辐射就更具威胁了，航天员出现健康危机的概率更大。目前各大航天局都在着手解决这个问题，以便使前往火星的航天员的安全更有保障。例如，宇宙飞船需要采用屏蔽措施，尤其在休息和睡眠区，因为一些高能粒子仍然会穿透宇宙飞船。此外，研究者还在开发一些保护神经信号传递的药物，以辅助治疗可能存在的大脑损伤。

04
双胞胎的太空旅行之谜

▼

2018 年去世的著名理论物理学家斯蒂芬·霍金曾经指出，人类要想避免灭顶之灾，就要在 100 年内逃离地球。这位天才的物理学家认为，地球上的生命很有可能因为某种灾难而灭绝，如突如其来的核战争、基因工程制造的病毒或人工智能带来的威胁等，而且这种风险还在不断增长。由于地球环境变得越来越不宜居，为了人类的未来，我们必须将目光投向太空。

那么，漫漫星际航行，由于宇宙线、缺氧环境和幽闭空间等问题，人类能够适应长期的太空飞行并在太空生存吗？

空间环境会对人的身体造成怎样的影响？这是个非常重要且基础的问题，因为它决定了未来星际旅行的可行性，以及人类在宇宙中到底能走多远。多年来，科学家对此问题进行苦苦思索，希望能获得真实的数据，以便进行参考和分析。

对照实验，是研究中常用且有效的科学研究方法。在实验中，将两个相同的实验对象分别作为实验组和对照组，在实验组身上施加一个或多个因素，观察实验组的变化，观察其与未施加影响因素的对照组有什么区别，就能够知道这些因素对实验对象产生的影响。那么，如果我们想知道长期太空飞行对人体产生的影响，就可以找两个相同的人进行对照实验：将一人送入太空，另一人留在地球上，一段时间之后，将两人进行对比，观察进入太空的人发生了哪些变化，就能初步了解太空旅行对人体的影响。

然而，人们一定也能猜到这个对照实验的困难之处：世上并没有完全一样的两个人，科学家也就无法找到理想的实验对象。克隆人？当然行不通，这涉及伦理问题，不能开展克隆人实验！目前最好的方法莫过于用一对同卵双胞胎作为实验的对象，因为同卵双胞胎是目前基因相似度最高的人类了（有些研究表明，他们还具有很强的心灵感应）。但是，世界上的同卵双胞胎固然不少，但是在身体素质和智力水平两个方面都达到航天员要求的可不多。到哪里去找这样的双胞胎呢？

无巧不成书，NASA 还真的有这么一对特殊的航天员。斯科特·凯利和马克·凯利，他们是目前唯一一对同卵双胞胎航天员。两兄弟既满足基本的要求，也对太空实验有足够的认知，简直是完美的实验对象。

双胞胎对照实验的想法最初是由斯科特本人提出的。因为双胞胎航天员太稀少了，NASA 接受了斯科特的建议，将各个领域的科学家召集到NASA，开始进行这个史无前例的对照实验。

2015 年 3 月，斯科特在俄罗斯搭火箭飞上太空，他的兄弟马克则留在地球作为对比参照对象。2016 年 3 月，执行了为期一年的任务之后，斯科特返回地球。在斯科特执行飞行任务前、飞行期间和返回地球后，研究人员分别采集了双胞胎兄弟的 DNA 样本，希望分析出太空生活对人类身心造成的影响。

那么，在太空飞行时，人体具体会发生哪些奇特的变化？会遇到哪些在地球上不会遇到的问题？科学家是怎样解释这些变化，又会给出怎样的结论呢？

2018 年 1 月，NASA 在"人类研究计划 2018 年调查员研讨会"上，公布了他们的新发现。研究人员宣称，在太空中时，斯科特的一些基因表达发生了变化，而且回到地球几个月后，其中 7% 的基因表达仍然没有恢复到飞行前的状态。

✈ 基因表达变化

根据太空飞行对照实验，威尔康奈尔医学院发表了一篇关于"太空基因"的论文。他们研究了太空环境对双胞胎兄弟 RNA 和 DNA 化学变化的影响后提出：虽然 93% 的基因表达在斯科特返回地球后恢复正常，但仍然有数百个"太空基因"处于混乱状态。

这个所谓的"太空基因"是什么？其实没那么神秘，它只是遗传学家使用的术语，用来指代纯粹由航天飞行导致的基因表达出现异常变化的那些基因。

那么，基因表达指的是什么呢？

基因表达是指细胞在生命过程中，把储存在 DNA 序列中的遗传信息经过转录和翻译，转变成具有生物活性的蛋白质分子的过程。众所周知，人体一系列的生理变化和正常的工作主要是靠蛋白质来完成。

简单来说，基因表达就是选择性地将我们体内的 DNA 信息表达出来，以构造体内特定的细胞结构或适应不同的环境。基因表达发生变化，但 DNA 本身并没有发生根本性的改变。

基因表达是一个受调控的过程，具有时间和空间的特异性。例如，按照功能需要，某一特定基因的表达是严格按特定的时间顺序发生的；也可能是在个体生长的过程中，某种基因产物会按照不同组织空间顺序出现。而且基因表达会因为外界的刺激发生变化，生物体所处的内外环境是在不断变化的，通过调控基因表达，可以使生物体表达出合适的蛋白质分子，以便更好地适应环境。在对照实验中，研究人员观察到斯科特基因表达发生的变化，其实是他身体对空间飞行环境的一种应激反应。

那么，7% 的基因表达改变是一件很了不得的事情吗？并不是！这只是非常小的基因表达变化，这种反应与人在压力环境中或在登山、潜水时出现的反应相似。基因表达发生异常变化，是一个很重要的信号。虽然目前的研究还不能形成确定的结论，但不可否认的是，基因表达变化可能会对免疫系统、骨骼构成及 DNA 损失修复等产生持久的影响，进而影响人类对环境的适应能力和衰老的速度。

✈ 端粒增长之谜

通过太空飞行实验，科学家发现了一个有趣的现象：在太空中，斯科特的端粒平均长度显著增加；返回地球后的 48 小时内，斯科特的端粒长度却又缩短了，然后稳定在飞行前的水平。而在地球上的马克，端粒长度则一直保持着相对稳定的状态。

端粒是什么，它对人体的重要性表现在哪些方面，端粒的长度变化又说明了什么？

端粒是存在于真核细胞线状染色体末端的一小段 DNA 和蛋白质复合体，它是染色体末端的"保护使者"，保护染色体不被"磨损"掉。

端粒就像鞋带末端的那个小帽，保持着鞋带的完整性。当这个小帽磨损，鞋带就不完整了。一旦端粒磨损或耗尽，染色体将无法正常分裂，细胞的更新也就终止了。所以，端粒的完好程度，能够表明细胞分裂潜力的大小：端粒越短，表明细胞的再生能力越小，剩余的分裂次数逐步逼近极限，细胞寿命较短；端粒越长，则意味着细胞的再生能力越强，剩余的分裂次数更多，机体组织将保持"年青"的状态。随着人的年龄的增长，若端粒消耗殆尽，细胞将会慢慢凋亡。因此，端粒的加长，意味着衰老速度的减缓。

客观地说，斯科特在太空中端粒延长的原因并不是很清楚。据研究人员猜测，可能是由于在太空中，斯科特执行了严格的体能训练计划，并且在饮食上限制了热量的摄入。在太空飞行过程中，斯科特的体重出现了下降，而且他体内的叶酸水平在飞行后也有所升高，一个很可能的原因是：在太空中斯科特吃的食品更健康。斯科特的体重下降和叶酸增加与端粒延长的研究结果相吻合，这表示更健康的生活方式可能会使端粒延长。如果是这个原因，地球上的人们通过调整饮食加运动的方式延缓衰老确实是可行的。这对地球上的人们来说是个好消息！

✈ 在太空中打疫苗有用吗

在地球上人们为了预防疾病，可以注射疫苗，预防许多重大疾病的发生。那么在空间站中给航天员打疫苗会管用吗？

为了研究人类在太空中的免疫反应，斯科特在执行飞行任务前、期间和之后都注射了流感疫苗；作为对比，在地球上，马克也在同样的时间注射了同样剂量的疫苗。

研究人员发现，每次接种疫苗后，这对双胞胎对流感的免疫能力都会增强，而且增强的水平一样。这说明，在太空注射流感疫苗也是有效果的，而且跟在地面上注射具有相似的免疫效果。

那么，以后在长时间的星际航行中，航天员就可以通过注射疫苗来预防一些疾病的发生，大大提高航天员的存活率！

✈ 太空飞行对免疫系统影响的研究

空间生活对航天员的身体会造成一定的伤害，如航天员的免疫系统会发生显著变化。

生活在不好的环境中，人会感受到压力。免疫实验分为 3 个部分：其一，通过调查问卷让航天员评估自身压力；其二，通过其唾液和尿液，测量与压力相关的激素水平；其三，对血液样本进行免疫细胞分析。

本项研究耗时 5 年完成，在空间站内，航天员的血液样本在-80℃的条件下保存，然后带回地球分析。但仅有少量冷冻血液样本得以成功进行分析，大多数带回来的血液样本都被常见病原体污染，如真菌、细菌和病毒等。免疫系统对一些新出现的威胁反应强烈，具体原因不明。但这意味着由于独特的环境压力，免疫系统适应了空间站的环境。

研究发现，有些航天员的血液样本中出现过度反应，并伴随着严重的免疫抑制，后续研究还将对航天员的血液进行现场分析。为排除失重的影响，进一步的研究将在地球上的类似环境下进行，科学家将从南极研究基地采集志愿者的血液样本。

在长时间的空间飞行或执行深空探测任务时，如何更好地保护航天员的健康非常重要。功能性免疫是国际空间站进行的一项新的研究，探索了以前未研究的人体免疫应答领域，以及空间飞行是否会导致航天员对疾病易感。

免疫系统是生物结构和过程的复杂结合，某一方面机能的衰退，即可导致人体内疾病风险的增加。研究显示微重力下会有免疫系统修饰，这可能会造成一些航天员出现皮疹、异常过敏和潜在的病毒激活。在微重力条件下，甚至在地球上的压力状况下，免疫系统任何时候都可能被削弱。执行深空任务时，免疫系统将在较长的时间内暴露于微重力环境中，科学家努力在任务开始之前对免疫问题进行定义，并制定缓解免疫系统出现问题的措施。

目前，功能性免疫研究建立在其他免疫学研究的基础之上，聚焦于以前未研究的方面，以便更好地表征航天飞行对整个免疫系统的影响。了解在飞行中免疫系统如何工作，可以更好地保证航天员在太空飞行中的身体健康。这项研究的结果不仅给航天员带来好处——可以在航天员发病之前检测和治疗疾病，稳定运输样品的方法还可以用于地球上的免疫研究，如在不具备实验室条件的地区开展研究。

这项研究的第一个目标是完成免疫系统的鉴定，表征完成后，即可计划如何抵制潜在的风险，使人类的火星之旅计划更进一步。

✈ 太空环境对心血管健康的影响

1. 导致心脏功能下降

研究显示，航天飞行会导致航天员出现心肺血量增加、心脏做功减少、心肌萎缩、心率下降及心律不齐等心脏结构和功能的改变，最终导致心脏功能下降。

在中长期的航天飞行中，由于重力缺失、活动减少且代谢需求降低，机体维持在低动力状态，心脏也适应性地处于低动力水平，从而导致心肌结构发生退行性改变、收缩机能下降、泵血能力也随之降低、心脏做功减少、心肌萎缩，这可能是引起心血管脱适应的重要原因之一。

心血管系统功能失调将会威胁航天员的健康，影响航天员的正常工作。在联盟 TM-2 飞船上执行任务的航天员拉维金因心脏多次出现期前收缩（早搏），被迫终止飞行任务，提前返回地球。

立位耐力的下降，会导致航天员返回地球或进入其他星球后无法长期站立；而运动耐力的下降，则会直接影响航天员的出舱活动。

据世界卫生组织统计，心血管疾病是全球头号死因，NASA 希望保证航天员在执行太空飞行任务期间的心脏健康。因此，进行生物医学研究，预防心脏病，也是 NASA 人类研究项目的重要内容。

NASA 心血管和视觉实验室的首席科学家斯图尔特·李负责研究航天飞行对心血管系统的影响，心血管研究（Cardio Ox）是其领导的实验室的最新研究项目之一，目的是研究太空飞行对航天员心血管生理的影响。Cardio Ox 将帮助科学家确定在太空飞行过程中特定的生理应力是否增加，血管系统和功能是否受到影响。研究将测量航天员颈动脉和肱动脉的结构和功能，还有其血液和尿液中氧化压力和炎症生物标记。

2. 易导致氧化应激

抗氧化剂可中和含氧分子（氧化剂），也称为自由基，在体内自然生成。自由基包含一个或多个不成对的电子，因此，比其他分子的活性高。为了中和自身电子，自由基从其他分子那里获取电子，这一行为将有损 DNA 与细胞膜，改变细胞能力。氧化剂和抗氧化剂失衡，称为氧化应激。氧化应激反应可能会导致自由基生成的增加或抗氧化剂可用性降低，进而导致心血管疾病产生，如动脉粥样硬化（内动脉壁牙菌斑和脂肪物质沉积）、心力衰竭及其他神经变性或炎症性疾病。心血管和视觉实验室的科学家在对血管健康进行研究，地面实验室与在轨实验室通过远程指导、双向视频和音频交流共同研究血管健康问题，帮助航天员对颈动脉和肱动脉进行超声检查，观察航天飞行是否对人体动脉造成影响。

3. 会影响血管系统

动脉由 3 个细胞层组成：外层（外膜）、中间层（中膜）和内层（内膜）。内膜为单细胞层，具有信息传递的功能，当有物质进入血管时，内膜会向中膜传递信号，确定是否通过平滑肌舒张来收缩或扩张血管，而氧化应激可通过一氧化氮分子对这些信号进行干扰。当平滑肌细胞不对一氧化氮产生响应或身体不能产生足够的一氧化氮来影响平滑肌细胞时，血管舒张能力将降低。Cardio Ox 对上述两种情况均进行了研究。

为了测量动脉血管的舒张能力，研究人员将血压袖带戴在航天员的手臂上。增加袖带压力时，血液暂时不能流到手臂下部；释放袖带压力时，通过超声波观察肱动脉血管是否正常。增加的血流就是内膜向中膜释放一氧化氮刺激物的表现，如果动脉没有对此做出响应，便可成为动脉粥样硬化的预测指标。

第二项血管功能测试是观察动脉平滑肌细胞是否对内膜释放的一氧化氮反应正常。实验向航天员提供硝酸甘油，控制剂量下的硝酸甘油是一氧化氮的替代选择。两种测试相结合，可判定究竟是何种原因影响了血管舒张能力。

颈动脉测量也采用同样的测试。颈动脉超声波可以观察到内膜厚度是否增加。内膜厚度增加、表面压力高于正常水平，可能是由于血管损伤或动脉粥样硬化造成的。

✈ 太空中动脉粥样硬化加速

人体内血脂水平异常与动脉粥样硬化的发生及发展密切相关。

斯科特和马克这对双胞胎兄弟接受了动脉超声检查，并且在整个任务期间持续地为研究人员提供不同时期的血液和尿液样本。NASA 的研究人员观察了太空飞行后，发现炎症和应激反应对斯科特的血管结构和功能产生了影响。

研究发现，在太空环境下，斯科特血脂水平发生变化，说明体内出现炎症；而在地球上的马克，血脂水平虽然也有类似变化，但炎症情况较少。研究人员对斯科特体内具有抗炎作用的细胞因子（可以调控免疫应答的小分子蛋白质）水平进行了测量。发现斯科特体内有两次炎症反应最明显：一次是在刚返回地球时，细胞因子的含量达到峰值，并且在后续的 6 个月内一直居高不下；另一次是在飞行前，细胞因子水平上升，并在飞行任务中保持高水平。

虽然细胞因子水平的变化已被科学家观察到，但是这种变化是否可逆，是否代表在太空中斯科特动脉粥样硬化加速，目前还不能得出确切的结论，未来科学家将对此进行进一步分析。

✈ 人体微生物群发生变化

近年来，人体内微生物菌群的数量及它们的重要性逐渐引起了人们的关注。大多数人认为微生物是有害的。其实，无论是体内还是体表，都有着大量的微生物寄居在人体上，包括细菌、古菌、真菌、病毒和其他微生物，它们被统称为人类微生物群。微生物中只有极少部分对人类有害，大部分很温顺，有些对人类还有诸多好处。例如，有些微生物可以帮助人类消化自己无法利用的植物纤维、合成维生素、吸收矿物质和抑制致病微生物等，它们影响着人类的免疫系统、心脏健康，甚至体重、睡眠和情绪状况等，参与着人体生理功能的方方面面。从某种意义上说，人其实是人本身和寄居在其体内或体表的微生物的"超级生物体"。

美国西北大学的研究人员对斯科特和马克体内的微生物菌群变化进行了研究。结果发现，由于饮食、环境及个体免疫水平的不同，在各个时间点，两人体内的微生物都出现了明显差异。飞行过程中，斯科特体内的微生物菌群与飞行前有所不同，细菌性拟杆菌的数量开始减少。不过斯科特返回地球之后，这种情况便停止了。总体来说，空间飞行带来的人体内微生物群的变化并不大，跟地球上的人们改变生活习惯和环境变化带来的影响是类似的。

✈ 尿蛋白变化说明机体生理变化了吗

尿液中的一些蛋白质种类和含量的变化，通常预示着人体多种生理代谢的变化。为了观察太空飞行中的人体生理表现，研究人员检测了双胞胎尿液中蛋白质的变化。他们对尿液标本中的蛋白质进行了生物标记，以此来观察斯科特肌肉骨骼调节、代谢和心血管的变化，并且观察人体内的蛋白质通路是否能适应太空环境引起的人体体液转移。

研究人员发现，和地面上的马克相比，在太空飞行过程中，斯科特体内关于体液调节和骨骼肌形成的蛋白质含量差异显著。在太空中，斯科特尿液中的水通道蛋白 2 含量升高。水通道蛋白 2 是调节肾脏对水通透性的主要蛋白质，在调节肾脏水平衡中起重要作用，是判断人体含水率或脱水状态的重要指标。

双胞胎研究是首次通过基因组学研究来评估人体在太空中的潜在风险，是一项具有里程碑意义的研究。但是这项研究也存在一个很大的局限性，就是只有单一的一对参与者，而且对照组也只有一个人。所以，即便科学家发现斯科特的基因活动发生了某些变化，他们也无法确定这是由航天飞行导致的，还是由其他因素导致的。这听起来是不是有点沮丧？科学上的进步实在是太难了。

不过，这么一小步的进步也已经创造了历史。这项研究将会在未来数年内继续为 NASA 的人类研究项目提供研究数据，而且收集基因信息对于未来的航天员选拔有很积极的作用。例如，如果某位航天员的基因信息显示，他对太空辐射的电离效应非常敏感，那类似的信息将会影响 NASA 选派前往太空的人选决定，可以有效帮助 NASA 筛选航天员。

05
吐个不停——航天员最怕的空间运动病

▼

　　航天员进入太空后，头几天会出现一种空间运动病（Space Motion Sickness，SMS）。这种病的症状与在地面上晕车、晕船和晕机等运动病差不多，暴露在微重力环境下的最初几天，一些航天员会感到头晕目眩、腹部不适、恶心、呕吐、头痛和其他神经系统症状。这些症状会导致航天员工作积极性下降，症状严重的航天员甚至连完成任务的能力也会下降。进入轨道飞行后的几分钟至几个小时内，胃肠道开始出现不适症状。轨道飞行早期，头部过度运动通常使症状加重。

　　最早出现空间运动病的是苏联第二位执行太空飞行的航天员格·季托夫，他于 1961 年 9 月进入太空。他在绕地球飞行第二圈时开始出现头晕、恶心和腹部不适等症状，而且在做头部运动时，这些症状会加重，但在睡眠后这些症状会减轻，直到返回地面后症状消失。

　　据苏联对执行上升计划的 5 名航天员和执行联盟计划的 22 名航天员的统计，患空间运动病者分别占 40% 和 40.9%。美国在执行阿波罗登月计划时，统计了 15 名第一次飞行的航天员，发现他们患空间运动病者占 40%。不过幸运的是，有过一次太空飞行经历后，航天员患空间运动病的概率会下降。例如，美国在阿波罗登月计划中，在有过 1 次以上飞行经历的 18 名航天员中，只有 5 人出现了空间运动病，占 27.8%。但也有例外，如美国执行水星和双子星座计划的所有航天员，都没有患空间运动病；而在天空实验室计划中，有 55% 的航天员得了空间运动病。由此可见，空间运动病具有很复杂的特性。

有趣的是，美国参议员杰克·加恩作为付费用户和载荷专家，乘坐发现号航天飞机进行为期一周的太空飞行时，作为空间运动病最严重的受害者，他被载入了 NASA 的历史档案。因为在太空中的大部分时间，加恩一直在呕吐。因此，假设"1 加恩"用来表示最严重的呕吐程度，绝大部分人的不适程度顶多达到"0.1 加恩"。

那么，从生理学角度来看，空间运动病是怎么回事呢？

空间运动病的成因很多，目前认为主要原因可能是在失重环境下，前庭器官功能紊乱造成的。前庭神经系统是协调运动与维持人体平衡的内耳神经系统。为了识别环境，人们必须感觉或感知环境。

前庭神经系统由感觉环境加速度的感知器官，以及将这些信息传递到脊髓、脑干等中枢神经系统的神经组成，中枢神经系统整合环境加速度信息，以确定我们相对于环境的位置和方向。内耳前庭器官可以感知和检测线性加速度和角加速度。这些已经很复杂的响应与视觉和本体感觉输入进一步整合，在微重力条件下，一些信号发生了改变，造成大脑的错译和不适应响应，其后果之一就是出现空间运动病。

空间运动病虽然不是严重病症，而且经过几天适应或返回地球后，症状会自行消失。但是，空间运动病会降低航天员的工作能力和工作效率，且发病率高，从而严重影响航天任务的完成。这就使其成为一个严重的航天医学问题，因此，各航天大国都很重视对空间运动病的研究。

如果航天员不幸得了空间运动病，在空间站呕吐的话，会是怎样的体验呢？

在微重力环境下呕吐，的确是个问题。加拿大航天局的航天员克里斯·哈德菲尔德对此描述如下："当我们初到太空时，往往会感到恶心，身体会变得非常不舒服，感到眩晕。午饭似乎飘浮在胃里，因为你本身是飘浮着的。你所见与所感完全不一致，而且有一股浓烈的想吐的感觉涌上心头。"

哈德菲尔德打开一个呕吐袋，展示在太空中正确呕吐的方式。

"想象一下在地球上呕吐时的情形，你吐了一袋子恶心的东西，然后将它们扔掉。但在太空则不一样了，这些袋子要与我们相伴数月，所以我们必须好好处理这个袋子。"哈德菲尔德如是说。

航天员的呕吐袋有衬层，可以用来清理太空员的呕吐物。这个袋子有一面是一张巨大的纸巾，呕吐完以后可以顺便把整张脸擦干净，方便实用。同时，这些呕吐袋非常耐用，能够防止这些废弃物飘浮在价值 1000 亿美元的在轨实验室中。

在太空中，呕吐发作得很快。航天员用手抓住呕吐袋，并且迅速展开，呕吐时还要尽量保证喉中的呕吐物不吐出来，是非常具有挑战性的体验。

航天员穿着航天服呕吐则是另一种体验。如果呕吐量小，由于表面张力的作用，呕吐物会在面罩上形成一层薄膜，使视线模糊；如果呕吐量多到超过表面张力可以承受的范围，它可能会飘浮在头盔内部，并可能会阻塞空气供应。

06
幽闭空间心慌慌——航天员心理健康问题

▼

　　身处浩渺无垠的未知星空和狭小的密闭空间中，航天员会不会孤独寂寞呢？在为期几个月的国际空间站飞行中，航天员可能出现各种心理问题，那么更长时间的星际飞行，例如火星探索，又将会出现什么问题呢？

　　如果这些问题发生在飞往火星的过程中，那么情况将更难控制。从地球飞往火星大概需要 10 个月的时间，在这么长的时间里，航天员将被隔离在太空这个与世隔绝的环境里。他们不与外界的人接触，在航天器有限的空间里长期生活。这种环境对航天员的心理状态有何影响？航天员又该怎样保持心理健康，以顺利完成自己承担的太空任务？

　　心理学家称，如果连续几个月压抑人的情绪，人很可能会精神崩溃。要克服这种情况，就要学会在危险来临的时候尽量保持冷静，危机过去后尽量放松心情。航天员在控制精神压力方面的能力应该比普通人强得多，因为他们要经常面对太空飞行中的危险，如辐射风暴、太空碎片，还要面临飞船坠毁的可能性，或者还要面对一些来自地面的突发的事件（如国家的政治局势发生变化、家庭的变故等）。

　　此外，航天员还要面临来自处理人际关系的压力。航天员必须一天 24 小时在一个狭小的空间里共同生活和工作，有时候必须连续几个月处于这样的环境下。在空间站的航天员可能同时出现孤独和拥挤的感觉，这种情况足以使任何人情绪抑郁。

截至目前，研究人员已发现的空间站长期驻留对航天员心理的影响，主要有哪些方面呢？

✈ 无力

航天员首先面临的是焦虑、抑郁或心理疲劳等问题，其中一般性的紧张或心理疲劳，在航天心理学上被统称为"无力"。无力在早期阶段表现为过敏症、易激怒、活动减少、心律不齐等，有时这些症状发生之后会出现身心疾病和睡眠障碍。无力往往发生在任务后期，因为此时航天员的适应能力被过度消耗。有报道称，国际空间站上的航天员，每天需要对抗的主要心理问题就是幽闭恐惧和思乡情绪等。

✈ 人际关系

在以前的载人航天飞行中，无论是长期还是短期飞行，都出现过航天员因航天飞行引起的心理问题，甚至达到心理障碍的程度。其中很重要的一个方面，就是航天员内部的人际关系问题。国际空间站的航天员来自不同国家和不同民族，语言和社会文化的差异非常容易导致航天员之间发生分歧，有时甚至会因航天员之间的关系紧张影响到飞行任务。例如，自苏联1971年建立的第一个空间站——礼炮1号空间站投入使用以来，多次任务中都有关于人际关系问题的报道，如航天员彼此间关系冷漠等；在联盟号航天任务中，一名来自捷克斯洛伐克的航天员曾报告说他感到了"社会性孤独"，来自法国的航天员也在报告中提到了"不自在"的感受。

航天员在太空中的巨大压力下很难放松心情，当这种情况出现的时候，航天员之间的交流可能会变少，共同生活几个月之后可能开始产生厌倦、焦虑的情绪。在和平号空间站飞行任务中，研究者就发现美国、俄罗斯两国的航天员与地面工作人员对同一项任务的理解差异很大，生活上也感到很不习惯。例如，在和平号空间站上，有的美国航天员与俄罗斯航天员在一起时感到"被孤立"，这是由于很多操作使用的是俄语，美国航天员不熟悉。这直接导致美国航天员的创造性也不能发挥出来，仿佛置身事外，甚至有的人抱怨说："自己像一只替罪羔羊。"

因此，了解国际空间站飞行中航天员的心理变化，包括他们之间是如何相处的，及时采取有效的方法防止航天员出现心理障碍，是保证国际空间站完成任务的关键因素。

另一方面，航天员与地面任务控制人员之间的关系也会出现问题。比如，航天员与地面控制人员在工作负荷方面，以及活动规范方面存在着意见分歧，甚至航天员有时会不自觉地将自己的问题及面临的紧张和愤怒情绪转移到地面控制人员身上，最终出现对立。在 NASA-Mir（1995 年 3 月～1998年 6 月）的任务中就曾出现过几起事件，导致航天员之间、航天员与地面任务控制人员之间的关系紧张。NASA 的飞行中经常出现航天员与地面控制站的工作人员发生矛盾的情况，他们不愿意听从地面指挥人员的命令，嫌他们唠叨，甚至拒绝执行地面工作人员的命令，这也是他们释放压力的一种方式。

✈ 精神疾病

在长期载人航天飞行任务中，有的航天员确实出现了精神疾病问题。在执行 1981～1989 年的航天飞行任务后，有 34 例航天员负面行为征兆和症状的报道；在 1995～1998 年的和平号空间站任务中，更是发生了两起精神病性事件。精神病性问题的具体表现为严重焦虑等适应障碍、紧张性头疼等躯体障碍及衰弱症。执行过长期飞行任务的美国航天员曾在轶事中提到衰弱症的表现：不明原因的疲惫、焦虑、绝望、精神过敏、精力难以集中、健忘、

头痛、失眠、做噩梦、身体疼痛等。许多俄罗斯航天员在飞行 1～2 个月后
也出现了轻度衰弱症。

✈ 飞行后的心理问题

不止是在天上，长期航天飞行返回地球后，航天员仍然会出现各种心理
问题。比如，美国的女航天员诺瓦克回到地球后曾经发生不顾后果地追杀情
敌的事件，使得 NASA 不得不追溯其选拔期间的精神科检查及心理选拔记
录。但是，在这些记录中并没有发现她之前有相关潜在的问题，这说明可能
是长期太空生活对她的心理状态造成了负面影响。再如，执行美国阿波罗任
务的航天员巴兹·奥尔德林在完成登月任务后不得不接受精神病治疗的干预。

看完这些事例，是不是发现航天员的心理健康问题至关重要呢？毫不夸
张地说，心理问题可能是未来长期航天任务的最大阻碍。那么，怎样帮助航
天员面对空间飞行中出现的心理问题呢？

这就需要航天心理支持了。俄罗斯专家将航天心理支持定义为："地面
为航天员从心理上轻松适应太空工作生活条件、防止出现心理不适而采取的
一套辅助性的和有治疗作用的方法、手段和措施。"俄罗斯航天心理支持专
家会在飞行前、飞行中和飞行后及时解决航天员心理需求并进行诊断。而美
国在这方面则是经历几次变迁，先是倾向于重点关注硬件技术条件，并依靠
心理选拔选出应对机制良好的航天员；在出现几起心理行为事件后，才开始
重视飞行中的心理支持。特别是在 NASA-Mir 任务中，美国将自己的心理支
持计划设计得与俄罗斯对和平号航天员的心理支持程序一致，以便美国和俄
罗斯的航天员在心理健康方面尽可能地和谐一致。美国和俄罗斯在心理支持
方面有着一致的目标，即防止飞行乘组的团体作业能力下降。下表是国际空
间站及和平号空间站的心理支持方法汇总。

国际空间站及和平号空间站的心理支持方法汇总

序号	方式方法	频次
1	家人和心理保障组通过补给飞船送去的私人包裹	
2	上传母语录音新闻	至少每周一次
3	上传文字新闻摘要	至少每隔一天
4	上传专门编排的声像节目	不定期
5	上传用于娱乐和休闲的电视录像（如体育、新闻和文化事件）	不定期
6	个人喜好的休闲用品，如录像带、书籍、录制的音乐和消遣用软件	
7	有权使用航天器携带的业余无线电设备进行娱乐性的无线电联络	
8	上传来自亲朋好友的电子邮件	每天
9	每个航天员均享有与亲友的双向音频或视频私密会面（私人家庭聚会）	每周至少 15 分钟
10	每个航天员均享有与心理专家的私密双向音频或视频交流	每周至少 10 分钟
11	常规性专业心理支持	每 2 周一次
12	必要时随机的专业心理干预	不定期
13	飞行任务期间，需要时给予来自家人的激励	不定期

（内容来源：王峻，白延强，秦海波，等.空间站任务航天员心理问题及心理支持[J].载人航天，2012，18（2）：68-74.）

我国也有自己独到的航天员心理支持方式。地面团队为航天员提供了一个基于虚拟现实技术的心理舒缓系统，通过这个系统，航天员可以看到家人、家里场景、熟悉的环境等。与此同时，地面团队改进了天地信息交流系统，航天员可以随时和地面沟通信息、传递邮件，与亲朋好友进行音视频交流。

航天员自己也随身携带了感兴趣的歌曲、视频资料等，包括家人的照片，一天的忙碌之后，在晚上自主支配的大约 1 个小时的休闲时间里，可以拿出来听或看，这也是一种心理上的放松。此外，还会给航天员配备专业的心理医生，以及家人、航天员团队的支持，还有基于虚拟现实技术的心理舒缓系统；升级的天地信息交流系统，可以方便航天员与地面进行双向沟通，从而缓解压力，保证航天员的心理健康。

07
飘浮中的睡眠

▼

　　人的一生约有 1/3 的时间是在睡眠中度过的，睡眠对人类至关重要。对于航天员来说，保证充足和高质量的睡眠是保持良好体力、完成飞行任务必不可少的。

　　航天员如果睡不着、睡不好，会严重影响情绪和工作能力。根据研究发现，即使是受过严格训练的航天员，如果 72 小时不睡觉，在手动控制交会对接时会发生绩效显著下降、差错率上升、燃料消耗增加的情况，情绪也会陷入焦虑而容易引起疲劳，以至无法胜任关键任务。睡眠不足还会影响基本认知功能，包括警觉性、认知速度和精度、工作记忆力、反应时间、注意力和敏捷度等，影响飞行安全，甚至导致任务失败。

　　睡觉这件事，对地球上的大多数人来说，只要躺在床上放松神经和肌肉就可以了，但是对于飘浮在太空中的航天员来说，睡觉可不是件容易的事。很多人以为，航天员只要放松肌肉，就可以开始睡觉了，无论站着还是躺着都一样。但是实际上躺下容易，睡着却不容易。据航天员麦克·霍普金斯描述，在太空中睡觉是一件大事情。在地球上，当你躺下时，双脚立刻就有了放松的感觉，而在太空中，绝不会有如此感受。以至于某些航天员用弹力绳索将自己固定在墙上以求找回类似的感觉。

　　太空中的昼夜节律与地面不同。国际空间站在太空飞行时，每 90 分钟就能经历一次日出和日落。太阳升起时，灿烂的阳光通过航天器的舷窗将整个舱内照得雪亮；太阳落下时，舱内又变得一片黑暗。而且飞船和空间站里从不关灯，因为大家要轮流睡觉，不睡觉的人需要照明来继续工作。另外，地面控制人员也要随时观察舱内的情况，需要不间断的照明。

光是人体生物钟最核心的控制因素，人类在地球上每天日出而作、日落而息，就是因为光使人清醒；不仅如此，为了保证座舱内的氧气压力，必须不断地用风扇来强制通风，由此带来的噪声也会让睡觉成为一件不太容易的事情；除此之外，航天员必须适应悬在半空中睡觉，他们要让自己的肌肉足够放松，然后迷迷糊糊地睡去。在飘浮状态下睡觉可能会有点困难，许多刚进入太空的航天员说，他们在迷迷糊糊睡觉的过程中会被下坠的感觉惊醒。而且，就像在地球上一样，他们可能会在睡眠中醒来如厕，或者熬夜看窗外，也有航天员说会做梦，甚至是做噩梦，有些人还会在太空中打鼾。

所以，科学家为航天员的睡觉做了精心安排。首先是科学排班，让航天员能合理地安排作息。另外，可以在休息区降低光照强度，营造夜间环境。最后一个问题，就是到底应该怎么睡？在失重环境下，航天员就算带着被子上天也盖不住——因为失重的原因，被子很快就飘走了，除非把被子紧紧地裹在身上。为了给航天员创造类似于在地面睡觉的感觉，在条件许可的情况下，可以让航天员躺在床上睡。国际空间站上就有专门用于放置床铺的卧室，床铺垂直安放在地板与天花板之间，床上铺有褥子，褥子上有睡袋，睡袋上还有通气孔，每个航天员都有独立的睡眠舱位，避免相互影响。

睡觉时，航天员一定要将手臂放进睡袋里，把双手束在胸前，以免无意中碰到仪器设备的开关。同时由于在失重的环境中，睡眠中的人会有四肢脱离躯干的感觉。一名苏联的航天员就曾在朦胧中把自己放在睡袋外的手臂，当成向自己飘来的"怪物"，吓出一身冷汗。

在睡觉之前，航天员需要用一根带子将自己和睡袋固定在某个地方，否则睡着之后，由于呼吸气体产生的推力，会将航天员的身体推到空中，在舱内飘来飘去。但也有航天员想享受一下这种飘飘欲仙的感觉，故意将固定在舱壁上的睡袋放松，只用一条绳子牵着，任其飘动，在睡觉中像是"夜游神"。为了研究太空中的睡眠情况，有的航天员会在手腕上戴上活动记录仪来跟踪自己的睡眠情况，并记录下睡眠日记。

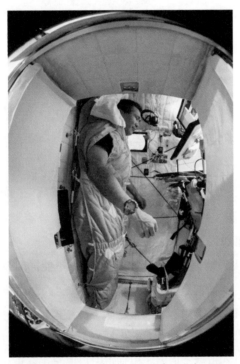

■JAXA 航天员将自己捆绑在睡袋中。

那么，如何在太空中睡个安稳觉？

在空中睡觉非常滑稽，每个人的睡法不同，有的人直立睡，有的人倒挂着睡，有的人横着睡。也有航天员把睡袋挂在某个地方，让它在空中飘浮着。如果不把睡铺固定好，睡觉时很可能会碰到天花板，或者碰撞到别人。

■ 航天员在进行睡眠训练。

前文提到太空中的昼夜节律与地面不同，从国际空间站上向外看，太阳每 90 分钟升起一次，45 分钟后又落下。所以航天员睡觉时都得戴上一副黑色的眼罩，以隔绝舱内过于频繁的亮暗变化。

过去，由于飞行时间短，工作任务繁忙，不能同时就寝，往往一人工作，另一人睡觉，这样就会互相干扰。为了保证航天员的健康，现在几乎是大家同时入睡，其中一人需戴上通信帽睡。睡眠时地面控制中心的人也不打扰他们，舱内的一些操作由计算机控制或地面控制中心的工程师代劳。如果发生故障，计算机会报警，地面工程师也可以通过无线电叫醒航天员。

航天员睡觉的时候，需要习惯身体背部和侧面没有感觉，事实上航天员是在睡袋中飘浮着，因而那种使人昏昏欲睡的重力感觉是不存在的。有的航天员对此还不太适应，毫无睡意，必须吃安眠药才能入睡；有的人却不同，即使在这种特殊环境下也能睡得很香。

■ 选一个私密的角落是个睡觉和工作的好环境。

　　需要补充说明的是，如果睡觉的时候航天员的头部处在不通风的地方，呼出的二氧化碳会聚集在他的鼻子附近，当他血液中的二氧化碳达到一定浓度的时候，脑后部的一个报警系统就会发出警告，使他惊醒，并会感觉到呼吸急促。这时，航天员走几步或换个地方，就又可以沉睡了。

　　如果航天员在太空中睡不着，神经衰弱或失眠，那该怎么办呢？主要有三种办法来解决这一问题。

　　第一种方法是睡眠认知行为疗法。NASA 有专门的一个机构来指导航天员入睡。NASA 约翰逊航天中心行为健康与表现小组专门为飞行前、飞行中和飞行后的航天员提供心理支持。睡眠认知行为疗法（Cognitive Behavioral Therapy，CBT）可以帮助航天员解决睡眠问题，帮助患者放松思想，使大脑转入睡眠模式。

　　第二种方法是用激素调节。国际空间站的航天员也可以选择服用褪黑激素，这是一种调节睡眠的补充剂。褪黑激素是一种天然产生的人体激素，是一种流行的非处方睡眠助剂。

■ 航天员在空间站服用褪黑激素。

　　第三种方法是服用药物。如果上述方法都行不通，作为最后的手段，国际空间站的航天员也可以使用睡眠药物。多种类型的助眠剂在空间站都可以使用，包括 Zolpidem（一种镇静剂）、Zalpelon（一种镇静催眠药）和 Benadryl（一种非处方抗组胺药）。这些药物在飞行前会对每个航天员进行测试，以免他们发生过敏现象。

08
航天员太空视力下降之谜

▼

自 20 世纪 60 年代进入太空以来，人类一直就在惴惴不安：在太空环境下，人体会不会发生什么未知的损伤？

2005 年，航天员约翰·菲利普斯在国际空间站工作时，抬头看着窗外的地球，忽然发现了一件奇怪的事，地球看起来很模糊，并且他无法将目光聚焦在地球上，而之前他的视力一直都很棒！一开始，菲利普斯还以为这种现象只是暂时的，很快便会消失，便没有向地面控制中心报告。后来的情况是，他看东西一直模模糊糊的，而且重返地球后，严格的检测显示，他的视力下降了，从 20/20 降到了 20/100。这意味着什么呢？在美国，视力低于 20/200 即可认定为失明！

研究人员对菲利普斯进行了一系列的检查，结果显示，不仅视力恶化，菲利普斯的眼睛也发生了变化：视神经发炎、眼球后部平坦、眼球有脉络膜褶皱。虽然 6 个月后，他的视力恢复到了 20/50，但这个视力自此持续了 11 年没有提高。

这种神秘的病症是什么呢？后来，更多的类似情况发生在国际空间站的航天员身上，在国际空间站执行过长期任务的航天员中，大约有 2/3 的人出现了视力下降的情况，而且这种问题越来越严重，已经引起了航天员和科学家极大的重视。

超声检查显示，这些航天员眼球后部都已经变得扁平；光学相干断层成像术显示出视神经肿胀，视网膜和脉络膜发生了结构性变化。这类结构和功能的变化，被称为脑压视力障碍（Visual Impairment Intracranial Pressure，VIIP）。

发生这一变化的具体原因，研究人员还没有研究清楚。研究人员表示，这一问题与大脑和脊柱周围的脑髓液体积变化有关。长期处于微重力环境中，会导致大脑中的脑髓液积聚在眼部，多余的压力使眼球被挤扁，从而使航天员的眼球变平，这正是他们近视的原因。

脑髓液堆积还会导致航天员的视觉神经突出，这种现象也不妙，因为视觉神经是负责将信号从大脑发送到视网膜的神经。视觉神经突出会使长时间负责太空任务的航天员近视，而这一问题目前并没有较好的解决办法。在地球上，脑髓液系统能够适应压力的突然变化，如当人们躺下后又坐起来或站起来的时候。但在太空中，由于缺乏与姿势有关的压力变化，这一系统会变得非常困惑。根据航天员在执行长期任务前后所做的大脑扫描显示，他们回到地球之后，眼球变平且视觉神经的突出程度有所增加。重要的是，航天员在飞行之后，其视觉神经周围和脑脊液产生的腔室内，脑脊液的体积均有大幅度增加。

研究人员扫描了 34 名航天员在太空飞行前后的大脑结构图，发现在微重力的作用下，大脑在颅骨中的位置发生偏离，使脑脊液腔变得更狭窄，这可能是导致航天员视力受到损伤的原因之一。

如果未来要执行长期性的太空飞行任务或开展星际移民，那就不得不面对太空环境对人体的影响。目前，NASA 已经把研究 VIIP 的起因确定为首要任务。

09
太空健身——来一场太空马拉松

▼

通过前文的介绍，我们已经知道，航天员在太空中由于总是飘来飘去，身体很多肌肉无法发挥作用，尤其是背部和腿部的肌肉，那么，除了服用一些药物之外，他们还必须每天锻炼。例如，可以通过锻炼提升血容量，以及防止肌肉萎缩。在未来的航天计划中，航天员将会在月球和火星任务期间进行越来越多的舱外活动，这将对航天员的体力提出更大的挑战。因此，科学家专门为航天员打造了一个太空健身房，配备了防护装备和锻炼设备，尽可能降低失重带来的不利影响。比如，使用套带，防护飞行初期出现的头胀和鼻塞等不适反应；通过使用拉力器、下体负压筒和自行车测力计锻炼，穿着"企鹅服"工作，对心肺功能下降、肌肉萎缩和骨质丢失等情况进行综合防护。

✈ 太空动感单车

地球上，很多人喜欢在健身房骑动感单车，这项运动可以提高心肺功能，锻炼下肢肌力和增强全身耐力。你知道吗？国际空间站也有简化版的动感单车，这个装置叫"CEVIS"，是一个具有隔振和稳定功能的循环测力计。

这种带有隔振和稳定系统的自行车测力计，通过卧姿（倾斜姿势）或直立式骑行活动，为航天员提供有氧运动和心血管调理。不过这个动感单车是没有座位的，因为在太空中也坐不了。

■航天员在简化版的太空动感单车上进行锻炼。

它有一套振动隔离系统，所以人在运动时并不会影响空间站自身的结构，也不会破坏微重力环境下的各项实验。

✈ 太空先进电阻锻炼设备（ARED）

先进电阻锻炼设备英文叫作"Advanced Resistive Exercise Device（ARED）"，通过使用活塞和飞轮系统来模拟正常重力下的运动，通过蹲、抬举和小腿提升来锻炼主要肌肉群。这台机器最大的好处是：可以帮助航天员进行肌肉塑形，保持身材。研究发现，使用过 ARED 系统的航天员回到地面后，拥有更结实的肌肉和更少的脂肪，能维持整个身体和区域骨骼的矿物质密度。

NASA 营养学家斯科特·史密斯认为，人类太空飞行 50 多年后，通过饮食和锻炼，在保护航天员骨骼的研究上首次取得了显著的进展。

■ 航天员在国际空间站上使用 ARED 进行训练。

🛩 空间站跑步机

现在国际空间站常用的跑步机叫作"科尔伯特"，又称作"T2"。这台跑步机也是太空简化版，不过为了能让航天员在太空中跑步，它还有一些特别的地方。首先，这台机器同样进行了隔振处理，而且它与电脑相连，可以让航天员了解自己的身体指标变化，并且随后可以将这些采集到的数据发回地球。此外，每个人都有一副用于固定的弹性束带，显而易见，当航天员跑步的时候，需要有股力量将他们固定在跑步机上，这就是弹性束带的作用。

除此之外，在太空跑步机上跑步有一个非常大的好处：由于失重的原因，可以大大减轻跑步本身对于膝盖带来的负荷，可以很好地规避由此引发膝盖损伤的可能性。

其实不止在国际空间站，我国两位航天员陈冬和景海鹏在进入天宫二号空间实验室的第 20 天，完成了中国人的第一次太空健身跑。然而，陈冬表示，第一次在宇宙中跑步并非易事，最开始根本跑不起来。航天医学专家认为，这主要是姿态控制的问题，对于刚进入太空的人来说，姿态适应需要时间。不过到了第 3 天，景海鹏成功地跑起来了，并且一下子跑了 1 个小时。

为了能够实现中国航天员的首次太空跑，研究人员专门在天宫二号里设计了束缚系统，并制定了特殊的跑台锻炼方案。此外，他们在运动过程中还会穿着"企鹅服"，这是一种为了维护航天员肌肉功能所特制的具有一定重力的航天服。

所谓"企鹅服"，其实也是一种锻炼工具。在太空失重状态下，人的肌肉会失去重力的刺激，发生萎缩。穿上"企鹅服"，可以给航天员一个对抗的力，维持对肌肉力量的持续刺激，防止失重引起肌肉松弛和骨质丢失。

现在热爱跑马拉松的人越来越多。你知道吗，在太空中，也有航天员完成了马拉松哦！

2016 年，来自英国的航天员蒂姆•皮克，在距离地球约 400 千米的国际空间站的跑步机上，挑战了人类第一个同步太空马拉松，并且同地面参赛人员一起完成了此项壮举。虽说在太空跑步机上跑步，可以大大减轻膝盖的负荷，但要知道，在失重的条件下完成太空马拉松还是具有很大难度的。因为在失重的条件下，皮克需要系上背带，以便让身

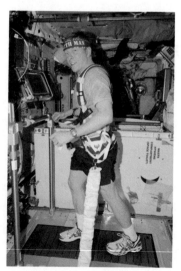

■ NASA 航天员蒂姆•皮克在国际空间站上跑步。

体能够固定在跑步机上，这对他的奔跑速度造成了一定的影响。

为了确保安全，皮克穿上了一套特殊的跑步装置。这种类似于蹦极保护套的装置，可以通过绳索把他的身体固定在跑步机上，确保他不至于跑偏离。

其实，在皮克之前，美国女航天员苏尼特·威廉斯在 2007 年就已在国际空间站完成了马拉松。她以 4 小时 23 分 46 秒的成绩完赛，成为世界上第一位在太空跑马拉松的人。但赛后威廉斯表示跑的过程非常痛苦："背着那东西（背负系统）跑那么长时间，简直就是一种折磨。"

英国航天局的医疗专家乔纳森·斯科特在接受《卫报》采访时表示，太空马拉松是普通马拉松爱好者无法承受的。在失重状态下，航天员的肌肉甚至会损失 15%，骨密度也会降低。

航天员在太空中要应对失重所带来的身体变化，但疲劳度却和在地球上跑步是类似的。从心率和生理反应来说，这和在地球上的感觉类似。

✈ 微型锻炼装置——MED-2

由于空间的限制，大型的健身器材无法在所有的航天器中使用。于是 NASA 研制出了一款名为"MED-2"的小型锻炼设备，也能使航天员保持健康的身体。MED-2 设备本身重约 30 千克，可进行的抗阻运动为 2.3～159 千克，身体素质不同的航天员，都可以选择适合自己的运动强度。这台运动器材的另一个亮点是：可以利用有氧运动产生的能量来驱动抗阻运动。

■ 小型锻炼装置 MED-2。

大家对太空健身房是不是很向往呢？你可以一边锻炼，一边享受空间站外独有的壮丽景观。透过穹顶舱，航天员可以在运动的同时远眺地球。

10
二次发育——神奇的航天员太空增高现象

▼

虽然听起来有点奇怪，但是在太空中航天员确实会"长高"。NASA航天员斯科特·凯利进入太空之前与双胞胎兄弟马克·凯利身高一样，但是经过为期一年的太空飞行之后，斯科特比马克高了5厘米，身高的确有了增加。

更夸张的是，在空间站逗留约3周后，41岁的日本航天员金井宣茂在社交网络上发文称，自己长高了9厘米，他表示："到达太空后进行的身体测量显示，我的身高竟然增加了9厘米。短短3周就长了这么多，这对我来说还是中学时代以来的首次。"因为航天员返回地球乘坐的宇宙飞船上的椅子都是定制的，他还对自己突然增长了9厘米表示担忧："一下子长那么高，还能坐得下去吗？有些担心。"

不过，金井宣茂随后发现自己在社交网络上发布的消息是个误会。指令长米苏尔金得知他"长高9厘米"后，认为太夸张。毕竟这么多航天员进入太空，从来没有身高增长这么多的，难道他是个奇迹吗？于是金井宣茂又去量了一次身高，得出的数字为182厘米，只比他原先的180厘米多出2厘米，属于正常范围。这让他松了一口气，"回到地球应该是没问题了。"不过，这个错误却导致了全世界范围内的热议，各国媒体纷纷报道这个奇特的现象。金井宣茂说："我对发表了错误的信息感到很抱歉。"

那么在太空中，人为什么会长高呢？

NASA 给航天员设计了一种超声波装置，航天员可以用这个超声波装置在太空中扫描自己的脊柱。

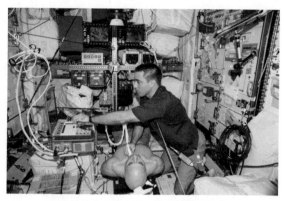

■航天员在太空中进行脊柱超声波检查。

研究人员表示，航天员在太空中之所以会出现身高增加的现象，是因为在太空环境中，航天员生活在微重力条件下，当脊柱不受地球引力的牵拉时，脊椎可以膨胀和放松，脊柱椎骨间的软骨会变长，只不过通常情况下人只会长高 1～2 厘米。人的脊椎就像弹簧一样，想象一下你背部的椎骨是一个巨大的弹簧：推压弹簧，使其紧紧盘绕；压力释放时，弹簧伸展。同样，当人类在太空中旅行时，脊柱伸长达 3%，它们最多可以伸展 7.6 厘米。

航天员在太空中的身高变化有两次：第一次变化在航天器进入轨道时发生，此时是大部分增高发生的时候；第二次是随着时间的推移发生的更小、更渐进的变化，脊柱逐渐放松并最终停止，如果航天员永远留在太空，他们也不会再继续长高。

太空物理学是一门博大精深的学科，包含众多领域。自20世纪60年代开始，随着航天技术的发展，太空物理学（微重力科学）这门新兴的空间科学的分支学科应运而生。太空物理学主要研究微重力环境中，物质运动的规律，以及重力变化对运动规律的影响，其学科广泛，涉及微重力流体物理、微重力燃烧科学、空间材料科学和空间基础物理等。

Chapter 4

太空物理科学研究

01

太空中的流体

▼

✈ 竹篮可以打水

竹篮打水真的会"一场空"吗？在地球上肯定是的，那在浩瀚的宇宙中呢？

为了解释这个问题，我们先来认识一下流体。我们生活在一个流动的世界里，风在吹动、水在流动，以及潮汐在变化……流动的现象无处不在，人类一直在探索"流动"背后的科学规律。流动的液体和气体都是流体，水是流体的一种。

流体物理的研究是在人类同自然界做斗争的过程中，在生产实践中逐步发展起来的，如在远古时期，就有古埃及人对尼罗河泛滥的治理及中国的大禹治水。流体物理在微重力环境中的研究出现于19世纪，但是限于当时还没有开展航天工程任务，其研究无法在真正的微重力环境下进行，很多现象都耦合了重力的影响。直到到了20世纪60年代，随着载人航天技术的发展，使微重力环境的利用提上了议事日程。许多人都表现出对利用微重力环境开展学术研究的兴趣，流体物理领域的专家也不例外。虽然微重力流体物理的若干课题研究已有百年的历史，但作为一门学科，它还是随着载人航天的发展而逐渐成长起来的新学科。

随着研究的深入，人们发现微重力环境中的流体运动规律远非想象的那么简单。那些被地球重力掩盖的"次级效应"变为主导，成为流体流动和不稳定性的推动者。

我们用生活中最常见的水来解释流体在空间站环境中的状态。

在地球上，因为重力的存在，水往低处流，喝水和洗澡都很平常，但是在微重力环境中，这些简单的行为会变得十分困难。

微重力环境中的水与地球环境中的水，两者表现的不同之处在于：在微重力环境中，所有物体都没有重量。无论是钢球还是水滴，都可以悬浮在空中，也不会坠落，想固定住它们需要想些办法。美国航天员唐·佩蒂特在他休班时，曾设计过一个有趣的关于水滴的物理实验。他用一根很细的金属圈把水滴"固定"住，水滴虽然也在"动"，但它不会轻易脱离金属圈。一阵很小的风都会让水滴随风震荡起来，如果风太大，它就会脱离金属丝，随风"跑"了。水滴能够"乖乖地"留在金属圈内，靠的是液体的表面张力。这种张力在地球上也能够看见。例如，在往杯子里倒水的过程中，细心的朋友一定会发现，水平面会一点一点地升高。当水高过玻璃杯沿时，在水未溢出前，水滴的表面会像膨胀的气球一样，随着水一点点的增加，慢慢地变得丰盈起来。当高过杯沿一定程度的时候，才像承受不住似的，哗啦一下溢出杯外。

在微重力环境中，由于没有重力，表面张力成为主导。我们可以不用容器装水，用一根金属丝就可以"固定"住水。因此，在微重力环境中，使用竹篮来打水是可能的。当然，也不能让水跑得太远，否则会影响空间站里昂贵的仪器、设备的运转。航天员处理浮在空气中水珠的惯用方法是，在它运动的方向上张开嘴等它飘进来。

在国际空间站，淋浴是不可能的。航天员洗手和洗澡，一般都是用喷嘴润湿毛巾后，直接用毛巾擦拭。而且毛巾不能够离喷嘴太远，否则水可能会"调皮"地跑掉。

在地球表面，密度的不同会驱使物体产生沉淀作用，地球中的液体和气体也趋于按照密度来分层，这一现象十分普遍。但在微重力环境中，所有的物体都处于失重的状态，没有轻重之分，也就没有明显的沉淀和分层作用。微重力环境也为高科技技术和新型材料的研发提供了良好的条件，这是在地面上难以企及的。

除此之外，不同流体之间界面上的温度差，也可以激发流体流动的不稳定性。在空间站进行流体实验时，尤其是对温度依赖较大的实验中，温度的精确控制也是十分必要的。

空间站中还有许多和流体有关的有趣的实验，新的实验结果也在源源不断地产生。未来，人们一定会有更多的发现。

✈ 不会破的泡沫

在日常生活中，泡沫无处不在。使用各类清洗液或摇动碳酸饮料等都会产生泡沫，如果泡沫偷懒，不出来，你一定会怀疑清洗液和碳酸饮料的质量吧？吹泡泡的游戏更是每个孩子童年必玩的游戏，但是泡沫并不总是受欢迎的。

在工业生产中，泡沫总会在人们不希望它出现的地方出现。如果只是降低生产效率、浪费原材料或增加生产周期，那还不是最糟糕的，有时它会造成工业活动失败、停止或对周围环境产生污染，这实在让人忍无可忍！人们虽然对泡沫习以为常，却并不理解它的奇特性质：几乎完全由空气组成的泡沫，为何既能像固体一样发生弹性形变，又能像流体一样到处流动？为了弄清泡沫的物理学特性，泡沫物理学这一学科应运而生。

泡沫物理学历史悠久，至19世纪中下叶，泡沫物理学的研究已经较为广泛。泡沫是气体在液体或固体中的分散体，一般在液体中产生。固体泡沫会在固体中固化。

在地球上，泡沫会排出液体，然后破裂。这一过程是通过泡沫发生的不可逆的流动，导致液体积聚在泡沫底部，并使液膜的液体含量减少。例如，喝碳酸饮料时，摇一摇，你会看见泡沫飞速向碳酸饮料上部移动，直至移出碳酸饮料表面。仔细观察就会发现，气泡会在泡沫的上部形成多面体，这种泡沫就是所谓的"干泡沫"。当气泡间的液膜变得非常薄时，它们就会破裂，从而使泡沫坍塌，这就是"排液"现象。在地球上，泡沫因排液现象极不稳定，采用适当的泡沫稳定剂可以改善这种情况。

相比地球环境，在微重力环境中，泡沫的性质会发生显著的变化。微重力提供了研究所谓"湿泡沫"的机会。排液的理论方法仅适用于干泡沫的假设，而湿泡沫可能存在新的行为或物理条件，但是它们被地球上的对流不稳定性掩盖。湿泡沫的弹性和黏性，也可能会因固体颗粒的存在而有显著的改变。

微重力环境为研究人员提供了长时间研究含有大量泡沫液体（也就是湿泡沫）的机会。在空间环境中，排液现象被抑制，液膜保持一定厚度，起初能够观察到气泡聚集，但一段时间之后奇迹出现了：气泡运动减少，即使摇动含有泡沫的溶液，泡沫也很稳定。

更有意思的是：对于大多数的发泡溶液而言，在微重力环境中的发泡能力是地球上的两倍；对于（地球上的）非发泡溶液，在微重力环境中也会产生明显的泡沫。在地球上使用发泡剂，泡沫会变大，但最终会破裂；在微重力环境中，泡沫的量（体积）没有显著变化。值得一提的是，消泡剂在微重力环境中的效果明显降低，而且用过消泡剂的溶液产生的泡沫是稳定的。这完全出乎研究人员的意料，也为未来的泡沫研究提供了新的研究方向。

这一现象是不是很有趣？习以为常的泡沫到了空间站也会大变样。在地球上，泡沫脆弱得想让它多停留一会儿都很难，但到了空间环境中却能顽强的存在，赶也赶不走。

✈ 烧壶开水怎么样

饥饿的时候，没什么比煮个面条更方便、快捷了！往锅里加水，把炉火开到最大，等待水沸腾。饥肠辘辘的你一定会不停地打开锅盖查看水的状态，当水开始旋转的时候，你一定十分焦急，期待气泡快点出现，这意味着你可以煮面条了。这些气泡成了煮面条的完美指标。水从平静到气泡翻腾的过程就是沸腾。

沸腾实际上是一个非常有效的传热过程，在生活中也非常常见。在煮面条的过程中，沸腾将热量从炉子上的火焰传递到烹饪面条的水中。在地球上看起来很直观，打开炉火，等待几分钟，先看到小气泡，再出现大气泡，这时就可以开始煮面条了。

看似简单，实际上，这是一个十分复杂的过程。首先，最接近热源的锅底水先变热，然后热水上升，冷水下降，锅中的水不断以这种方式进行热量交换，直至所有的水都变热，这就是自然对流的过程。

但自然对流是不够的，因为它还没有产生气泡，还达不到可以煮面条的程度。为了这些气泡，你必须等待足够长的时间，才能使锅底内侧温度高于水的沸点。当沸点被打破时，你就能看到一直在等待的气泡了！由于浮力，气泡会上升，当它们到达水面时便更密集了，遇到相对较冷的水，气泡就会破裂。这个动作不仅有助于更快地使水流动起来（想象一下搅拌），气泡本身也传递了热能。这种气泡的形成被称为核沸腾，传热比自然对流更有效。事实上，随着不停地加热，最终会导致更复杂的沸腾，称为过度沸腾。气泡强烈的运动，表明水现在已经足够热，可以煮面条了。

沸腾在很早以前就已经有了很重要的应用，如古希腊哲学家和物理学家阿基米德就提出了利用水的沸腾来建造蒸汽机的设想；欧洲中世纪的炼金术，更是把沸腾传热的应用推向了高潮。

说到这里，你肯定能够理解，沸腾之所以被如此重视，是因为它是传热的有效方法，通常应用于能量转换系统之中。在空间应用中，沸腾更是优于其他类型的能量转换系统，它的效果明显，并且所需的电力设备小。

但太空中的沸腾，气泡的行为有所不同。没有重力，浮力和对流的影响就不存在了。高温的水不能升起，而是越靠近热源，温度越高；同时，远离热源的水的温度相对较低。当加热的流体达到其沸点时，气泡不会上升至表面。相反，形成的气泡聚合成位于加热器表面上的一个大气泡。泡沫中蕴藏着珍贵的热能，但这些热能被困在气泡中！结果是看起来效率低下，至少这种传递热量的方式与在地球上差异较大。

很多科学家对空间里的沸腾现象着迷。在太空中煮沸水，你会得到一个较大的气泡，它倾向于"吞下"较小的气泡。这一发现，除了写热力学教科书的人很欢喜之外，工业生产领域也颇为重视，毕竟沸腾是有效的传热方式。对这个复杂过程的理解，能够为在地球上和太空中建立更加高效的冷却系统提供理论支持。例如，汽车工程师可以设计出紧凑且节能的系统，以便冷却汽车过热的发动机。

实际上，普通的家用冰箱是通过使用低沸点冷却液和压力变化，来保持冰箱内部的凉爽的。冰箱里的空气向冷却液传递热量，直到冷却液达到沸点，热量最终从气泡中散发出来，并散发到冰箱外的空气中。冰箱内的空气可能看起来很冷，但这个温度已经足够煮沸冷却液。

国际空间站中的沸腾实验设施，可以使科学家深入研究由于传热导致气泡形成的复杂性。例如，当浮力和对流不存在时，在核沸腾期间，表面张力和蒸发起什么作用？加热器表面特性的变化是怎样的？通过在国际空间站实现变重力实验，科学家可以研究沸腾的各种因素，从而有可能推动冷却系统设计的改进，提高制冷技术的效率，这将对全球经济和环境产生积极影响。

此外，通过微重力下的沸腾实验研究，完善了沸腾过程的数值模型，提高了沸腾过程的传热效率。微重力环境中沸腾现象的研究已经应用于喷墨打印技术，同时还支持部分生产机械工作。对于航天飞行而言，火箭推进剂的长期储存是行星空间探索任务的关键因素之一，长时间微重力贮箱内的局部热泄漏引起的气泡和爆炸性沸腾，可能是空间燃料油库的潜在危险状况。对微重力环境中沸腾现象的研究，将有助于设计在空间环境中储存燃料的贮箱。

✈ 强大的毛细管力

去医院抽血的时候，你是否注意到你的血是怎样流走的？

医生会在你手臂上的血管里扎进一根带有细长管子的采血针，接着神奇的现象就出现了：你身体里的血会乖乖地顺着管子流走。这种神奇的现象就是毛细现象。

什么是毛细现象？我们来了解一下。

把不同直径的细玻璃管插入水中和水银中会看到不同的现象。在水中时，管内的水面会高于容器水面；而在水银中时，管内的水银面则低于容器水银面，并且，管子的直径越小，这种现象越明显。类似水这样的液体叫作浸润液体，类似水银这样的液体叫作不浸润液体，细管插入两种液体中产生的管内液面与容器液面高低不同的现象就叫毛细现象，这种能够产生毛细现象的细管就是毛细管。

那么毛细现象产生的原理是什么呢？这一现象产生的主要原因是一种叫作表面张力的力。当液体表面弯曲时，在表面张力的作用下，会有变平的趋势。也就是说，当液面呈凹形时，液体表面张力对下面的液体施加拉力。浸润液体表面就呈凹形，在液体表面拉力的作用下，液体沿着细管上升，直到向上的拉力与向下的重力相等时，管内液面停止上升，达到平衡，此时，管内的液面高于容器液体表面，这也是抽血时血会乖乖流进管子里的原因。当液面呈凸形时，液体表面张力对下面的液体施加压力，不浸润液体就属于这种情况，导致管内液面比容器液面低。植物茎内的导管就是植物体内的极细的毛细管，它能把土壤里的水分吸上来。毛巾、饼干、纸巾等吸水现象也是毛细现象。通常情况下，人们把毛细现象中的力也叫毛细管力。

在微重力环境中，你不能随便走动，因为你都不知道自己会飘到哪里。液体也不会乖乖地待在容器底部，因为微重力环境中根本不存在"底部"。在微重力环境中，控制液体流动是非常困难的，这阻碍了液体推进剂、热控制和废水管理等系统的设计。推进剂会在贮箱内浮动，水滴会在回收系统中弹跳，尤其是液体很少的时候，这就成了很大的问题。

可喜的是，毛细管力将液体吸入一个细管里，这个作用在微重力中仍然有效，因此也可以控制液体的流向。而且在微重力环境中，由于失去了重力这一强大的力，毛细管力变得十分"强大"。毛细管流动和现象能够应用于各种各样的微重力流体管理系统中，如燃料和制冷剂存储系统、生命保障系统和材料加工系统等。在微重力环境中，毛细管力不仅能够控制流体的流向，甚至会对航天任务的成败起关键作用。

在地球上，毛细管力的作用仅限于几毫米，但是在太空中，这些力对流体自由表面的影响可能在数米以上。因此，毛细管力可以使流体在相对较宽的通道中流动，且无须使用泵。对空间微重力环境中的毛细管力的研究，可以追溯至 1962 年，美国航天员斯科特·卡彭特在水星航天器 MA-07 上进行的一次界面现象研究。随着国际空间站的发展，与毛细管力相关的研究也逐渐丰富起来。

国际空间站的相关研究人员利用毛细管力的研究，开发了一款航天员咖啡杯。研究人员利用毛细通道流量的控制技术，能够让咖啡的流量得到控制。一家名为"太空生活方式"的公司还设计了一款鸡尾酒杯，利用毛细作用将底部液体引入杯子表面包含一系列凹槽的区域，你只需优雅地把酒杯放到唇边，轻轻一吸，就能在太空品味鸡尾酒。酒杯底部设计有孔洞，方便在失重状态下添酒。这款产品目前只能通过 3D 打印制造出原型。

✈ "自觉"的胶体

胶体是一种较均匀的混合物，它含有两种不同状态的物质：一种是分散相，另一种是连续相。胶体可以分为气溶胶、液溶胶和固溶胶。气溶胶是以气体作为分散剂的分散体系，其分散质可以是液态或固态，如烟和雾等；液溶胶是以液体作为分散剂的分散体系，其分散质可以是气态、液态或固态，如 $Fe(OH)_3$ 胶体；固溶胶是以固体作为分散剂的分散体系，其分散质可以是气态、液态或固态，如有色玻璃和烟水晶。

　　胶体很早就出现了，几乎和人类的文明一样悠久。例如，华夏祖先制造的陶器，汉代出现的天然纤维造纸和人工制墨。胶体的这些应用，展现了中国人的创造性。

　　地面上关于胶体的研究多种多样，这里只说在微重力环境中的研究。在航天飞机上曾进行过关于胶体的实验，如胶体的无序-有序转变实验、胶体凝胶和硬球物理学研究。其中一个有趣的实验结果是：在地面上本来无序的胶体（玻璃相，不结晶），到了微重力环境中会变得有序（结晶）。

　　到了空间站时代，长期的微重力环境便利了关于胶体的更广泛的研究。如胶体合金、胶体聚集和胶体物理学表现等研究，让人类对胶体有了许多新的认识。下面说几个比较有趣的实验结果。

　　在地球上完全无序的样品到了空间站，在没有重力沉降影响和干扰的情况下，胶体会产生不同的晶体，而且当胶体的颗粒足够小的时候，它就和原子类似，人类可以通过控制胶体的混合物来模拟各种现象。

　　胶体对结晶的地点是有选择的，当它在聚合物液体中时，会优先选择在容器表面而不是在液体中结晶。科学家想通过胶体的这种偏好来切换和控制光。

　　研究人员还把胶体乳液放到恒磁场和脉冲磁场中进行研究，这是为了观察胶体的磁性、表面张力和斥力。要知道这在地球上是很难实现的，因为胶体在地球上会产生沉降和沉淀作用，而微重力环境消除了这种作用。有意思的是，胶体乳液在遇见磁场的时候会瞬间变硬。研究人员给这种胶体乳液起了一个很好听的名字，叫作"磁流变流体"。磁流变流体在磁场作用下，微结构会形成刚性网络，所以就变得坚硬无比，这样的胶体在工业中有很多应用，如用于桥梁和建筑物的建造。磁流变流体的抗震等级非常高，还可以应用到机电装置、机器人和制动器中。

02
太空里的材料

▼

　　你想象过在太空冶炼金属、压制塑料或烧制陶瓷吗？在太空的微重力环境中，没有对流、没有沉积、没有浮力……表面张力使液体在不与其他物品接触时，紧紧抱成一团，悬浮在空中；而在和其他物品表面接触时，能够更无拘无束地伸展。太空中加剧的毛细现象，可以使液体在固体表面更广地延伸开来。太空中的气泡能够不受浮力的影响，均匀地分布在液体中；不同密度的液体也可以均匀地混合而不分层……许许多多独特的现象促使了太空材料科学的诞生。利用这些在太空微重力环境下的特殊物理现象和过程，人们可以尝试通过悬浮冶炼技术制造超高熔点的金属，制造一系列地球上无法制造的新型材料，为人类未来更好地在太空生活服务。

　　自 20 世纪 70 年代以来，人类已经在太空开展了 40 多年的空间材料研究。科学家在礼炮号空间站制备了陶瓷材料、光学材料和多种特殊的合金材料，在和平号空间站制取了高纯度半导体材料，我国利用返回式卫星研究了超导材料。总之，利用空间的微重力条件，人类已经在难混合金、复合材料及功能材料的制造方面取得了很大的发展。未来，越来越多的新奇材料将在太空制造，帮助我们完成更遥远的太空之旅，实现太空生存。

✈ "千疮百孔" 的金属

在太空中还能够制造一种奇特的金属——像泡沫一样具有多孔结构的金属。它里里外外，遍布无数个大大小小的孔洞。这些孔洞或相互串通连成一体，或相互隔开，均匀地排列在金属内部。在泡沫金属中，这些密密麻麻的小孔可以占整个金属体积的85%～98%，所以这种金属非常轻，与相同体积的一般金属相比，泡沫金属的质量只有一般金属质量的1/50～1/7，甚至可以漂浮在水中。例如，普通金属铝的密度是2700 kg/m³，而泡沫铝的密度只有180 kg/m³左右。虽然质地很轻，但是这种金属的强度一点也不差，用泡沫金属制成的梁比同样质量的实心梁强度高得多。第一个将泡沫金属应用于航天领域的人是美国杜克大学的科克斯教授。1991年，科克斯利用哥伦比亚号航天飞机，进行了一次在微重力条件下制造泡沫金属的实验。他设计了一个石英瓶，将锂、镁、铝和钛等轻金属放入这个容器内，用太阳能将这些金属熔化成液体，然后在熔化的金属中充进氢气，这样金属内部就被充入了大量的气泡。这个过程就像用小管往肥皂水中吹气，会产生大量泡沫，金属冷凝后就形成布满微孔的泡沫金属。

事实上，太空的高真空度与微重力的空间环境是产生泡沫金属的理想场所。在太空怎样生产泡沫金属呢？关键工序就是"发酵"。将带压力的气体通入熔化的金属液体中，在太空的真空环境下，金属液体立即"沸腾"，生成的小气泡均匀地分布在金属中，这样就产生了泡沫金属。太空制造的泡沫金属更均匀、更轻且更抗压。

泡沫金属独特的多孔结构，给它带来了不少独特的性能和用途。泡沫金属的孔洞是球形的，可以独立存在也可以相互连接在一起，骨架的粗细也比较均匀，这使它不容易形成裂纹或断裂。

泡沫金属内部的孔隙彼此贯通，且通过表面与外界连通，声音进入泡沫金属后被布满的小孔阻挡，衰减得很厉害。利用这种特殊的性能，泡沫金属安装到空气压缩机上，可以大大减小噪声；用作地基材料可以防震；建造房屋时，将泡沫金属制成消音墙也十分合适。此外，泡沫金属孔洞多，跟相同体积的无孔金属相比，它的表面积要大几百，甚至上千倍，用作隔热材料能发挥很好的效果，用作热交换器可以提高热交换效率。如果用泡沫金属制成太阳能集热板，可以更好地吸收并保存太阳能。

泡沫金属内部布满小孔，气体和液体可以顺利地从多孔的泡沫金属里通过，加上泡沫金属的耐热性能好，加工方便，因此，可以用它制成过滤器，用来过滤各种气体、溶液、油类、熔化的合成树脂，甚至金属液体，也可以制成通气性良好的气垫或金属模。

人类已经在空间站开展了许多关于泡沫材料的研究，除了泡沫金属，还有人造沸石、大块泡沫金属玻璃、泡沫环氧树脂和泡沫玻璃陶瓷等，并申请了许多专利。这些材料在航天器、医疗（牙科和骨骼替代）与发动机制造等许多方面都具有潜在的应用价值。

✈ 你都不知道它们有多"自觉"

自组装是材料的基本结构单元，如分子、纳米材料、微米或更大尺度的物质，自发组织或聚集成为一个稳定且具有一定规则几何外观的结构的现象。分子层面的自组装其实一直普遍存在于生命体系中，是生命最基本的内容之一。大量复杂且具有生物学功能的超分子系统，如蛋白质、核酸、生物膜和脂质体等，正是通过分子自组装形成的。将这种自组装现象应用于材料行业，人们可以设计过程，然后启动，材料就会按照自己内部的计划，朝着一个更稳定的状态或向着某个系统前进。这为人类按照自己的意愿设计和探索所需的新型材料打开了新的大门。

科学家已经在太空进行了一系列材料自组装的试验，如在国际空间站开展的磁流变流体自组装试验。由于在太空中没有重力，可以减缓胶体混合物的运动，能使科学家更清晰地了解它们如何相互作用，以及如何控制地面上的微小颗粒。磁流变流体是一种智能流体，当暴露在磁场中时就会改变黏度，甚至可以改变它们在纳米尺度的排列，迅速转变成接近固体的状态。而当磁场除去时，磁流变流体则回到液体状态。在太空的研究主要针对磁流变流体颗粒，这种颗粒由聚苯乙烯材料制成，内嵌微小的纳米级氧化铁颗粒。根据试验结果，当在太空给这种材料施加磁场时，流体中的颗粒会形成细长的长链，这些链平行于外加磁场生长，平行的链相互作用，并慢慢结合在一起，随着时间的推移，这些链越来越粗，磁场不断地打开、关闭，在这种脉冲式的磁场中，开关磁场迫使粒子循环组装、拆卸，粒子组织成更紧密且有序的结构。这个过程产生的材料的黏弹性特点，可以用于各种机械装置，如应用于机器人运动机构和离合器机构等。

自组织现象能用来制造生物材料、新型纳米材料及其他一系列具有特殊性质的材料。例如，利用胶体颗粒形成的有序结构，不仅可以制备光子晶体、光学开关和离子探针等具备特殊光学特性的材料，还可以用在催化、吸收和分离工业中。这些材料的自组装规律在地面受到重力的影响，很难开展深入的研究，在太空不仅可以深入研究各类材料的自组装行为，同时制造出的材料也能为我们进一步探索太空，实现地外生存服务。

🛫 机器人也可以有肌肉

我们脑海中机器人的形象，可能更符合蒸汽朋克故事中的印象——复杂的齿轮、转子和钟表，大量金属，没有肌肉……未来，这一切都将改变。2015 年 4 月，搭载人造肌肉材料的猎鹰 9 号火箭从美国佛罗里达州升空，进入国际空间站，目的是在国际空间站测试这种材料的抗辐射能力。未来，它将被安装在机器人身上，扩大机器人的功能，让机器人越来越像真的"人"。

这种人造肌肉是由电活性聚合物制成的，是一种新型智能高分子材料。在外加电场的作用下，当电荷逆转时，它会随着电流收缩、扩张、弯曲、束紧或膨胀，能够模拟人类自身肌肉的运动。人造肌肉于 1998 年首次问世，它除了能够模拟人类的肌肉运动外，还具有良好的抗辐射特点，将这种材料安装在机器人身上，可以帮助人类更好地探索太空，如执行火星任务等。此后，科学家对这种材料进行了不断地改造，同时也对金属表面进行了等离子处理，使人造肌肉能够更好地附着在金属上。

美国的工程师曾经对人造肌肉开展了多种地面实验。例如，PPL 公司的工程师曾经将人造肌肉暴露在 γ 射线的辐射中进行测试，测试时间为 45 个小时，辐射量达到 3000 戈瑞——相当于人类能够承受的辐射极限的 20 倍，和火星上的辐射相当。从测试结果看，人造肌肉仍然保持着很好的导电性、强度和耐用性，只是颜色略有改变。此外，工程师还对人造肌肉进行了温度极限的测试，即在 -271℃ 的低温条件下，人造肌肉的形态和性能也不会发生改变。这个温度已经接近绝对零度了，可能是自然界所能达到的最低温度。人造肌肉在 135℃ 以上的环境中，也能很好地工作。人造肌肉的发明是革命性的，它可以直接将电能转化为动能，而不再需要皮带、滑轮、齿轮或马达，因此，我们的材料将产生一种思考运动的新方式。基于人造肌肉各方面的优越性能，研究人员将人造肌肉送往太空进行测试，检验其是否能够适应太空和外星球表面的恶劣环境。

未来，这些人造肌肉可以用来制作人类的假肢。这样截肢者使用人造肌肉制作的假肢可以膨胀和收缩，可以像我们自己的身体一样做微妙的动作，并根据不同人的需求定制动作和控制，令受伤的人恢复行动能力和自由度，同时假肢也会变得更加舒适与适用。安装了人造肌肉的机器人可以工作在人类无法到达或不利于人类到达的区域，如核灾难现场和其他危险区域；执行需要精细运动技能的人工任务，如旋转按钮或按下按钮等；这些机器人也能够代表人类去火星探索，在人类到达之前先去探路。

■ NASA 研制的人造肌肉纤维。

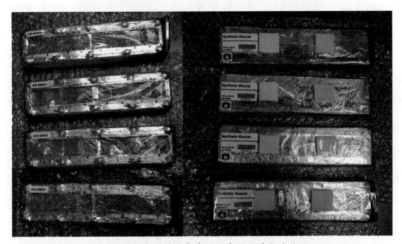

■ 人造肌肉纤维准备在国际空间站进行试验。

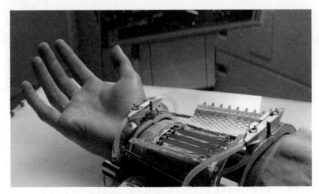

■ 人造肌肉纤维正在进行性能测试。

✈ 纳米的世界

纳米材料，是指在三维空间中至少有一个维度处于纳米尺寸（0.1～100纳米）或由纳米作为基本单位构成的材料。小到什么程度呢？相当于10～100个原子紧密排列在一起的大小。小到这个程度时，必须用量子力学取代传统力学来描述纳米材料的"行为"。

20世纪70年代，纳米材料问世。20世纪90年代后，纳米材料成为研究新热点。这是一种具有巨大市场应用潜力的新型材料，各个国家都投入了大量的资金进行纳米材料的研究和开发。由于诸多特殊特性，对于人类未来的太空生存而言，纳米材料也是一种不可或缺的材料类型。

碳纳米管是纳米材料中研究较多的一类，就是将单层的碳原子薄片卷起而形成的管状半导体材料。碳纳米管材料具备很好的强度和柔性，质量还非常轻。轻质碳纳米管材料可用来制造航天飞船的结构与设备等。它具有强度高和质量轻的特点，最多可以降低30%～90%的飞船质量，这样在去往太空的时候，就可以携带更多的人员和物资，以便前往火星等更远的地方。美国的朱诺航天器就采用了碳纳米管作为辐射屏蔽材料和静电荷损伤的防护材料。

纳米材料中还有一种"明星"材料——石墨烯。最初，科学家从石墨中剥离出石墨片，然后将薄片的两面粘在胶带上，撕开胶带就能把石墨片一分为二。通过反复操作，石墨片越来越薄，最后就得到了仅由一层碳原子构成的薄片，这就是石墨烯。石墨烯之所以会成为"明星"，是因为它创造了很多纪录：石墨烯是世界上最薄的材料，只有0.34纳米厚，也就是说十万层石墨烯叠加起来的厚度约等于一根头发丝的直径。石墨烯是人类已知强度最高的物质，比钻石还坚硬。哥伦比亚大学的物理学家测试过石墨烯的承受能力，每100纳米距离上可承受的最大压力竟然达到了约2.9微牛。石墨烯电阻率极低，电子迁移速度快，几乎不会被损耗。更令人惊喜的是石墨烯几乎全透光。在太空探索中，利用石墨烯固有的耐辐射和高导电率的特点，可以制备成抗辐射膜。石墨烯材料还可以将光能直接转化为动能，用于太阳能发电，为人类太空探索提供无尽的动力。

　　除了上述碳基纳米材料外，还有许多纳米材料也能服务于未来人类的太空探索，如纳米仿生类材料。人们发现壁虎的脚具有纳米尺度的特性，这使得壁虎能牢牢抓住墙壁。据此人们在材料表面设计出纳米纹理，以此提高材料的黏附性能，并实现可逆黏合。这类"壁虎花纹"黏合剂可用于支持机器人检查航天器，以及在空中捕获目标。

✖ 材料"老"了

　　许多材料到了太空，都会很快发生和地面不同的变化。国际空间站修修补补了十几年，最根本的问题就是设备和材料老化。一般来说，各类设备到了太空，寿命都会受到影响，原因是各种材料会因为太空极端恶劣的环境发生性能退化。例如，以太阳能电池为主的电力供应系统的发电能力，会随着使用时间的增长而越来越低；空间站外壳会随着时间的推移越来越脆……主要原因就是材料"老"了。

　　太空环境比地面恶劣得多，太空高能粒子的冲击、紫外辐射，以及极端冷热的环境都会对材料的寿命产生影响。以高能粒子冲击为例，原子氧是太空中含量最高的粒子之一，阳光中的紫外线和氧气分子相互作用，使氧气分子分解后形成原子氧。原子氧处于游离态，具有很强的氧化能力，加上速度很快，对材料表面不断撞击，会形成微小的凹坑。尤其是高分子聚合物材料对原子氧很敏感，聚合物材料与原子氧作用后，分子键断裂，导致材料的物理和化学性质都发生了变化。除原子氧外，太空中还有大量的宇宙线、γ射线和高能质子辐射。这些射线在地面上由于底层大气的折射和地球磁场的作用，被反射掉了；在太空中却会对材料产生很大的负面作用，造成材料脆化、剥蚀和断裂。除了这些因素外，太空中的温差变化比地面大得多，面向太阳时，材料温度可以超过 100℃；不被太阳照射时，温度又一下子降到 −150℃左右。如此剧烈的温差，对材料也是一项巨大的考验。

为了应对太空中的恶劣环境，必须开发出更好、更耐用的材料。人们想到的办法之一是把小块的材料平铺开来，暴露在太空环境中1年，甚至更久的时间，然后把这些小样带回地面，再和地面相同的材料进行对比研究，获得这些材料性能的变化数据，寻找保护材料和延长寿命的方法。

从20世纪末开始，人们已经开展了许多这方面的研究，研究内容也非常广泛。20世纪80年代，美国首先利用卫星进行了材料的太空暴露试验。美国使用的试验装置被称为"LDEF"，于1984年由挑战者号航天飞机送入太空，至1990年由哥伦比亚号航天飞机回收。这些材料在太空中度过了5.7年，包括金属、有机物、复合材料、陶瓷、玻璃、黏合剂和润滑剂等，开展了多项试验。此后，美国又在国际空间站开展了MISSE系列材料暴露试验，测试了几百种材料在太空环境中的老化机理，包括航天员穿的航天服材料和航天飞机的密封圈材料等，太空原子氧、紫外辐射和空间碎片对材料的影响是试验关注的重点。试验获得了一系列有意思的结果。例如，试验发现太空中的原子氧会钻入材料表面，造成一个个小凹坑，并进一步腐蚀材料的内部。不同材料对原子氧的耐受能力不同，为了应对这种腐蚀，我们可以在材料表面附着一层非常薄的二氧化硅保护膜，以抵御原子氧的冲击。哈勃空间望远镜使用的高分子材料，会在太阳紫外辐射下越来越脆，最后产生裂纹直至严重开裂，可以考虑在有机聚合物表面涂覆一层金属涂层来对抗太阳光的紫外辐射。除了美国，俄罗斯和日本也开展过许多类似的实验。

■ 国际空间站气密舱上的材料试验样品。

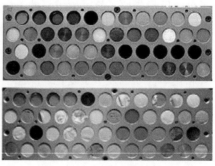

■ 太空试验前后的聚合物样品。

03
在太空中燃烧

▼

✈ 别样的火焰

生"火"是人类文明进步的一座里程碑，标志着人类已经掌握了利用这种能量的技能。火焰是我们非常熟悉的事物，平时看到的火焰会在一系列复杂的反应过程下，形成重心，从而产生一定的形状。观察一下蜡烛的火焰，它是一个液滴形的火焰。但是在微重力环境中，火焰会呈现出另一副完全陌生的模样。

1997 年 2 月，和平号空间站的氧气发生器起火，幸运的是，航天员及时将火焰扑灭。但这次事故使微重力燃烧实验受到了美国和俄罗斯两国的高度重视。之后，航天员在微重力环境中点燃了蜡烛，和地球上相同，蜡烛燃烧起来，但不同的是，燃烧的速度远远低于地面燃烧的速度。火焰的外形也有明显的差异，在微重力环境中，火焰的外形失去了在地球上的形状，是很标准的圆球形，火焰外围也呈淡蓝色。有了和平号空间站的经验，科学家在设计国际空间站时，就充分考虑了可靠的防火措施。

在地球上，当火焰燃烧时，它会加热周围的空气，导致空气膨胀，并变得不那么密集。在重力的作用下，更冷、更密集的空气被吸引至火焰底部，从而排出、升起热空气。这种对流过程将新鲜氧气输送到火中，燃烧直至燃料用尽。向上流动的空气，使火焰形成液滴形状，并令其闪烁。

但在太空中，固体、液体和气体失去了重力的控制，热空气膨胀，但不会向上移动。由于氧气的扩散，火焰持续存在，氧气分子随机飘入火中来维持火焰。上下对流消失，点燃后的蜡烛火焰没有所谓的向上或向左等方向流动，而是向四周伸展，形成圆形火焰。但是由于氧气分子飘入火焰的量相对地面环境要少许多，而且受到周围废气的阻碍，燃烧不够充分，所以燃烧会比在地球上缓慢。如果在微重力下点燃一张纸，火将从一端慢慢蠕动到另一端，这样的火焰显得十分平静。在微重力下，火焰更加顽强，能够在更少的氧气和更长的时间内燃烧。

在微重力环境中，科学家对蜡烛火焰进行了实验，通过测试，获得了微重力环境中火焰燃烧的温度。结果表明，在微重力条件下，蜡烛火焰的温度小于正常重力条件下蜡烛火焰的温度。在微重力条件下，蜡烛火焰之所以呈蓝色，是因为其温度小于烟黑生成的阈值温度 1026.85℃。但当环境氧浓度足够高时，火焰温度大于烟黑生成的阈值温度，火焰中明显有烟黑生成，颜色为亮黄色。

在微重力环境中研究燃烧过程，进一步揭示相关基本物理学原理，进而有助于研发用于未来太空探索任务的灭火技术和植物生长的加温技术。

✈ 神奇的冷焰

持续时间长和高质量的微重力环境，使研究人员可以研究在无限静态的环境中，球形液滴被球形火焰包围这一教科书问题。在国际空间站就有一个有趣的火焰熄灭实验，是在不同的压力和气体环境中，燃烧庚烷和甲醇液滴。那么如何在每次实验中都能获得大小相当的液滴，如何对它进行点火，之后又发现了哪些新奇的燃烧现象呢？

每次燃烧的液体直径为 2～5 毫米，因此，获得液滴的过程是极精细的工作。而且你一定想象不到，液滴获取过程都是科学家在地球上遥控操作空间站中的设备获得的。液滴是通过一组类似注射器一样的组件来完成的。一对注射器水平相对，两根针分送液体，然后将针缓慢地拉伸至液体刚好能够悬挂在两根针的缝隙中，又不使液滴掉落。在点火之前，针要迅速缩回，得到一个理想的静止的液滴悬浮在燃烧室中，等待点火。在距离约 400 千米外进行如此精细的操作任务，你会不会也为科学家捏把汗呢？

在大量的液滴实验中，科学家观察到了许多意想不到的现象，其中最令人意想不到的就是神奇的"冷焰"现象。现在我们就来认识一下冷焰。在庚烷液滴燃烧后，就看不到火焰了，是所谓的"熄灭"状态。但是液滴却在连续、快速且几乎稳定地蒸发，表现出与有可见火焰时相同的状态，科学家将这个过程定义为冷焰。当冷焰过程结束后，即"冷焰熄灭"后，蒸发过程终止，留下一个较小的液滴。这种行为不是常规的液滴燃烧理论可以解释的，而是被假设为在"热"火焰熄灭之后，继续进行的低温化学反应。

普通可见火焰的燃烧温度一般为 1226.85～1726.85℃，冷焰则是在226.85～526.85℃的相对较低的温度下燃烧。而且，两者的化学反应完全不同：普通的火焰会产生烟尘、二氧化碳和水，而冷焰则会产生一氧化碳和甲醛。冷焰在地球上也存在，但只是一闪而过。但在空间站中，冷焰则可以持续相对较长的时间。冷焰过程只在特定的情况下发生，这是一种十分独特的发现，具有非常重要的理论和实践意义。

✈ 航天器着火了怎么办

航天飞行与人类在其他方面的活动一样，要完全消除危险是不可能的，其中火灾是最严重的危险之一。火灾如果发生在航天器密封舱里，会产生大量的热量、燃烧的烟雾和有毒气体，轻则会导致舱内设备和结构发生故障，重则会危及航天员的生命安全和飞行任务的执行。造价高昂的航天器一旦发生火灾，产生的经济损失也是难以估量的。在微重力环境中，火灾的预防、监测和灭火都是难题，每个从事载人航天的国家都十分重视。载人航天器一且发生火灾，航天员不能撤离至户外，不能打开窗户，不能打电话给消防部门，也不能用水来熄灭火焰。

在载人航天的历史上，一次次火灾事件触目惊心。1967年1月27日，美国阿波罗1号飞船在发射台架上进行发射前最后一次合练时突然失火，3名航天员当场遇难。1970年4月11日，阿波罗13号飞船在即将进入月球轨道时突然爆炸失火，情况极其严重，经过全力抢救，航天员撤到登月舱中才安全返回地面。自1981年美国投入使用的航天飞机，在最初的50次飞行中发生了5次失火事件。

其他航天大国也难以幸免。苏联1982年发射的礼炮7号空间站也发生过失火事件，动用了舱内全部灭火设备仍然控制不住火势，最后不得不把整个舱的空气放空才将火熄灭。俄罗斯的和平号空间站在1997年2月也曾发生过严重的火灾事件，起因是氧气发生器故障。在此次失火过程中，航天员使用了泡沫喷射灭火器和喷水灭火器等装置，均效果甚微。最后，是灭火器微弱的效果加之燃料耗尽，火焰才熄灭。之后的航天器内空气净化了几天，航天员才能摘掉口罩。

航天器火灾预防、监测和灭火，一直是燃烧科学研究的一个重要课题。航天飞行特殊的微重力环境与密封舱有限的空间，给火的探测、灭火及灭火后的处理等工作都提出了不同于地面的新技术问题。

在微重力环境中，首先，火焰接近圆球形，火焰的扩散和传播速度较地球上要低；其次，火焰具有低热质传输、低效和低温燃烧的特点，一般呈不发光的阴燃或发光暗淡；再次，可燃物的可燃极限的大气氧浓度较正常重力场下要高。因此，微重力环境与正常重力环境相比，具有较小的可燃性和较高的安全性。

下面具体谈谈航天器中火灾的探测、预防和灭火措施。

1. 探测

火的信号一般可分为热、烟和火3种。热探测器分两种：一种是当所测工作单元温度达到某个值时报警，这是温度固定式探测器；另一种是当所测工作单元温度迅速上升时报警，这是温度变化率式探测器。热探测器原理简单、费用少且错误报警率低，只是响应时间长。烟探测器有离子型和光电型两种，分别用于低能火和高能火。这种探测器灵敏度高且响应快，但报错率高。火焰探测器则是用红外和紫外的方式来探测明火，响应快，但报错率最高。

探测器的安装位置也不能够像地球上一样安装在天花板上，而是要对可能起火的设备和部件等进行详细分析，还需要分析航天器舱内气体的流动方向，之后才能够合理地确定探测器的种类、数量和位置。

2. 预防

载人航天器上一旦出现火情，是极其危险的，事故的处理也非常复杂。所以必须以防为主，采取严格的防火措施，规定严厉的防火要求。不难想象，火源、燃料和助燃剂是火得以形成的 3 个因素，防火也要从这 3 点出发。严格控制火源，除了必要的实验外，不得出现明火。实验在需要的情况下，需在专供燃烧实验的燃烧室中进行。在确保航天员正常生命维持的情况下，尽量降低氧气浓度。对材料，尤其是可燃性材料要实行严格的限制和管理。

3. 灭火

与在地球上相比，火灾在太空中的扑灭有着显著的区别。我们知道，在地球上，使用灭火器"攻击"火焰的根部时通常效果最好，它既是稳定点，也是新鲜空气最先进入火焰的地方。对于在微重力条件下燃烧的火焰，灭火剂的最佳应用点可能不会立即显现出来，特别是部分阻隔火焰或尾流稳定火焰。根据火焰的几何形状，以及灭火器的特征（如与火焰的距离和扩散角），灭火剂有可能会无效，甚至由于夹带的氮气而可能使火焰变得更强烈。早期的研究结果表明，因为这种情况的存在，喷到火焰上的氮气实际上会起到火上浇油的作用。在微重力条件下研究氮气作为火焰抑制剂，为当前和未来的灭火技术研制奠定了基础。航天器中的灭火器，目前包括溴化三氯甲烷、二氧化碳和氮气等气体灭火器、水灭火器和泡沫灭火器。

当灭火器不能扑灭火灾时，航天员需要启用最后一种灭火方式，就是将舱内气体排到舱外（礼炮 7 号空间站所用的灭火方式）。这种方法存在排气速率的确定和控制问题。排气过程中，因气流加大，可能会出现火势的暂时加强，泄压口管道阀门可能会被随气流扑来的火焰损坏，使其再难复压。灭火后的有害气体清除工作也十分艰巨。

✈ 无污染的燃烧

近年来，雾霾席卷中国，国人谈雾霾色变。雾霾是综合各种污染产生的，其中工业、农业和生活燃烧是主要的污染源。政府投入大量资金治理燃烧污染问题，许多地区的取暖方式采用煤改电或煤改气的方式，从根本上减少了燃烧过程带来的污染。这些方式取得的成绩有目共睹，但政府投入的资金也是十分可观的。如有的地方，农村以电取暖，取暖设备由政府出资更换，采暖过程中使用的电费，政府补贴占一半以上，尽量不给人民群众增加采暖压力。但这并非长久之计，因此，要找到更加合理的采暖方式。

使燃烧过程无污染的方法一般有两种：一是对现有材料进行无害处理；二是研制新型无污染燃料。假如我们可以研制出一种没有污染的燃料，将会为国民经济带来巨大的收益。

国际空间站安排了许多实验研究燃料的污染问题。液滴燃烧实验用于研究液体的燃烧污染和减少污染的方法；燃烧结构研究目标是对燃烧的过程进行建模，提高燃料效率和减少污染物排放；电场对火焰的影响实验，目的是通过电场来改变火焰的形状、烟尘或可燃物的燃烧极限，从而减少污染物排放；火焰设计实验是为了加深人们对燃烧过程中烟尘形成和控制的理解，从而最大限度地改进燃烧器的设计，提高燃烧效率，减少污染；预混火焰实验加深了人们对接近熄灭的火焰的认识，并据此发明了污染物排放量超低的燃烧器，已经应用于家用热水器和锅炉设计中。

04
天宫二号上的"高冷"钟表

▼

时间可以让男孩长成壮汉，也可让壮汉垂垂老去；时间可以让少女亭亭玉立，也可以让美人迟暮。时间就是磨人的小妖精，法力无边亦魅力无穷。在漫长的岁月里，人们努力地让计时更精确，慢慢地抓住时间这只小妖精。

在远古时代，人们靠狩猎生活，并不需要精准的时间度量，所以把天视为最初的计时工具。历史的车轮不停地向前滚动，人类的时间观念也日益求精，日晷、刻漏（水钟）、水运仪象台和沙漏等设备的发明，标志着人造时钟开始出现，让人类可以日夜守时。摆的等时性原理的发现，促成了摆钟的发明；晶体振荡器的发明，使石英晶体钟表成了机械钟的可靠替代品。一直到现在，石英钟仍是人们日常生活中使用的主要计时装置。

20 世纪初建立和发展起来的量子力学，促进人们研制出高精度的原子钟。原子钟的出现，点燃了科学家的热情。从 1948 年第一台原子钟的发明至今，人类计时的精度以几乎每十年提高一个数量级的速度飞速发展，20 世纪末达到了 10^{-14} 量级，即误差约为 1 秒 /300 万年。在此基础上建立的全球定位导航系统（如美国的 GPS），覆盖了整个地球约 98% 的表面，将原子钟的信号广泛地应用到了人类活动的各个领域。

由于原子的热运动不仅会使其与微波的作用时间变短，而且还会导致原子束或原子团快速扩散，从而降低测量精度。随着激光冷却和俘获技术进入科学家的视野，华裔物理学家朱棣文于 1991 年首先提出了冷原子喷泉的设想，并成功地用钠原子实现了冷原子喷泉，自此开启了冷原子喷泉的研究热潮。利用激光冷却的原子制造的冷原子钟，使时间测量的精度进一步提高。到目前为止，地面上精确度最高的冷原子喷泉钟误差已经缩减至 1 秒 /3 亿年，更高精度的冷原子光钟也在飞速研制中。

近年来，科学家为了突破重力对原子钟精度的限制，把目光转向空间微重力环境。将激光冷却原子技术与空间微重力环境结合，有望在空间轨道上获得比地面上的线宽要窄一个数量级的原子钟谱线，从而进一步提高原子钟的精度。这将是原子钟发展史上的又一个重大突破。

由于高精度空间原子钟在计量学、授时、全球导航定位系统和基础物理等方面都具有非常重大的科学研究和工程应用价值，国际上，各国和组织都在争相开展空间高精度原子钟的研究计划。其中，最主要的是欧洲空间局（ESA）支持的 ACES 计划。

说到这儿，就不得不提我国天宫二号上的"高冷"钟表——空间冷原子钟了。这台由中国科学院上海光学精密机械研究所研制的冷原子钟可不简单，它是第一个"吃螃蟹"的先驱，在国际上首次实现了在轨运行，并开展了科学实验。

这台冷原子钟从孕育到完成设计，经历了漫长而曲折的过程。上海光学精密机械研究所从 20 世纪 60 年代就开始研究原子钟，曾经成功研制出中国第一台铷原子钟。20 世纪 70 年代末，国际上激光冷却气体原子的概念刚刚提出时，该所的科研团队就着手开展了激光冷却原子技术的研究。进入 21 世纪后，他们又逐步推进小型化冷原子铷钟和空间冷原子钟的可行性研究。2007 年，空间冷原子钟团队成立，并于 2010 年完成了空间冷原子钟原理样机的研制和地面科学试验的论证。2011 年，空间冷原子钟实验（Cold Atom Clock Experiment in Space，CACES）正式进入工程样机的设计与研制阶段。2016 年，经过科学家近 10 年的努力，我国第一台空间冷原子钟正样产品研制成功，它在光、机、电、热和软件等方面通过了中国载人航天工程各类环模测试的检验，达到了满足火箭发射和空间在轨正常运行的要求。

据科学家介绍，空间冷原子钟是在地面喷泉原子钟的基础上发展而来。在地面上，由于受到重力的作用，自由运动的原子团始终处于变速状态，宏观上只能做类似喷泉的运动或抛物线运动，这使得基于原子量子态精密测量的原子钟在时间和空间两个维度受到一定的限制。在空间微重力环境下，原子团可以做超慢速匀速直线运动。基于对这种运动的精细测量，可以获得较地面上更加精密的原子谱线信息，从而获得更高精度的原子钟信号。可以预期，空间冷原子钟将成为目前空间中精度最高的原子钟。

空间冷原子钟主要包括物理单元、微波单元、光学单元和控制单元，每个单元都有非常高的技术指标。其工作原理是利用激光冷却和俘获技术，获得接近绝对零度的超冷原子团，然后采用移动光学黏团技术将其沿轴向抛射。

由于空间冷原子钟可以在太空中对其他卫星上的星载原子钟进行无干扰的时间信号传递和校准，从而可以避免大气和电离层多变状态的影响，使基于空间冷原子钟授时的全球卫星导航系统，具有更加精确和稳定的运行能力。

空间冷原子钟的成功，将为空间高精度时频系统、空间冷原子物理、空间冷原子干涉仪，以及空间冷原子陀螺仪等量子敏感器奠定技术基础，并且在全球卫星导航定位系统、深空探测、广义相对论验证、引力波测量、地球重力场测量和基本物理常数测量等一系列重大技术和科学发展方面做出重要贡献。

人类的活动范围没有极限，对时间测量标准的要求也就没有极限。科学家会继续研制 1 秒 /50 亿年的光钟（精度在 $10^{-17}\sim10^{-18}$ 量级），要知道我们的地球母亲也才 46 亿岁。

蓝色地球不是人类永久的摇篮，人类终将走出地球，寻找地外家园。随着地球上人口增加、资源短缺和环境恶化等现象的出现和加剧，寻找适合人类居住的地外生存空间，已经成为人类未来关注的热点和发展趋势。移民其他星球不再是天方夜谭或神话故事，很快将成为人类需要面对的事情。

Chapter 5

未来家园的寻找和探索

01
探索月球家园

▼

在太阳系天体中探索适合生命存在的环境是航天发展的驱动力之一，激发了人类寻找地外生命、地外生存环境和类地行星的极大兴趣。人类将首先探索太阳系行星及其卫星、小行星等天体的生命环境。太阳系外的行星探索是近年天文学家和行星科学家关注的热点方向之一，寻找太阳系外的类地行星和生命迹象，将是人类长期持续探索的方向。

有人认为目前的科技不足以实现外星移民，也许还需要数代人的努力。其实人类已经为寻找和探索地外生存环境做了大量努力：人类制造的航天器已经飞至太阳系的边缘；已经实现载人登月，在月面部署了科学探测装置，并从月球带回月球样品；发射了大量卫星对太阳系的天体进行环绕、着陆和飞越探测等；目前正在为载人登陆火星做技术储备，在不久的未来将把人类送上火星。

✈ 月面的生存环境非常苛刻

1959 年 1 月，苏联向月球成功发射了月球探测卫星——月球 1 号，也是第一颗星际探测器，在离月球近 6000 千米处飞掠月球。同年 9 月，月球

2 号实现了月球硬着陆；同年 10 月，月球 3 号首次拍摄了月球背面……人类利用环月卫星、撞击器、无人着陆器和航天员登陆等多种方式，对月球进行了近 60 年的科学探测，已经基本摸清了月球的环境。我们从灰色的月球表面图片也能想象出月面的环境非常苛刻，经过详细的探测发现，月面诸多恶劣环境并不适合人类直接生存。

月表几乎无大气，更没有氧气，也没有液态水，缺少人类生存所需的最基本的条件。月面由于太阳直射，白天很热，夜间又很冷，表面温度在 -180～150℃，昼夜温差超过 300℃。由于没有大气层的保护，宇宙线辐射非常严重，会对人体产生直接影响，因此，人类必须穿戴航天服，才能在月面活动。若想在月面长期生存和生活，则必须居住在密闭的具有生命保障支持系统的月面舱体内或躲到月面岩洞里。

月面属于低重力环境，重力约为地球表面的 1/6，因此，航天员在月面走动时会出现蹦蹦跳跳的样子。人类与在月面养殖的动植物都需要适应月面的低重力环境。当然低重力也有好处，在建造大型建筑和组装大型科学装置时，建筑结构和设备零部件都比较容易搬运和安放。

✈ 辉煌的阿波罗登月

1969 年 7 月，人类首次踏上月球，距今已有半个世纪。1961～1972 年，美国阿波罗载人登月计划共进行了 11 次载人任务，6 次成功实施载人登月，12 名航天员在月面上留下了人类的足迹。6 次实施载人登月任务概况说明如下表所示。

阿波罗计划 6 次载人登月任务概况

型号	登陆时间	登月舱	月球车	航天员（括号中数字为踏上月球的顺序）
阿波罗 11 号	1969 年 7 月	鹰号		尼尔·阿姆斯特朗 (1)、巴兹·奥尔德林 (2)、迈克尔·科林斯

续表

型号	登陆时间	登月舱	月球车	航天员（括号中数字为踏上月球的顺序）
阿波罗 12 号	1969 年 11 月	无畏号		皮特·康拉德 (3)、理查德·戈尔登、艾伦·宾 (4)
阿波罗 14 号	1971 年 2 月	心大星号		艾伦·谢泼德 (5)、斯图尔特·罗萨、艾德加·米切尔 (6)
阿波罗 15 号	1971 年 7 月	猎鹰号	是	大卫·斯科特 (7)、阿尔弗莱德·沃尔登、詹姆斯·艾尔文 (8)
阿波罗 16 号	1972 年 4 月	猎户座号	是	约翰·杨 (9)、肯·马丁利、查尔斯·杜克 (10)
阿波罗 17 号	1972 年 12 月	挑战者号	是	尤金·塞尔南 (11)、罗纳德·埃万斯、哈里森·施密特 (12)

阿波罗登月计划不仅开创了人类首次登陆月球的伟大创举，而且完成了很多具有重要意义的航天任务和科学探测：采集月壤并带回地球；将多套科学仪器部署在月球表面上，包括地震探测仪、空间粒子探测器、激光反射器和望远镜等。现在的月面上仍然有阿波罗登月计划时期的大量遗留物。

阿波罗载人登月的航天器是一个复杂而庞大的组合体，主要由指挥舱、服务舱和登月舱组成。登月舱由下降级和上升级组成：下降级由着陆发动机和科学仪器等组成；上升级返回环月轨道与指挥舱会合，由航天员座舱、返回发动机、推进剂贮箱、仪器舱和控制系统等组成，能够支持航天员的生命保障。

阿波罗载人任务中，比较引人关注的是执行首次载人登月任务的阿波罗11 号和最后一次载人登月任务的阿波罗 17 号。1969 年 7 月 21 日 2 点 56 分（UTC 时间），阿姆斯特朗走出阿波罗 11 号登月舱后，向全人类召唤："这是我个人的一小步，但却是全人类的一大步。"随后奥尔德林也踏上月球，实现了人类首次外星球探索，在月面留下脚印，并测试月球风化层的性质。航天员在月球表面拍摄了登月舱，测试了月面行动的方法，安放了阿波罗计划初期的科学实验仪器，包括被动式地震仪和激光测距反射镜。阿姆斯特朗利用地质锤敲击钻杆，取出了两根岩芯。两名航天员使用铲子和探杆采集了岩石标本。

■奥尔德林在月面留下的脚印。

阿波罗 17 号创造了最长的登月飞行时间和最长的月表行走时间，收集了最多的月球标本，在月球轨道中航行的时间最长。

✈ 重返月球

美苏冷战时期的第一次登月热潮，开启了人类载人登月探测的历史。由于经济和政治等多方面的因素，其后人类的探月活动停滞了 40 多年。时隔半个世纪，人类再次掀起了载人登月的热潮。进入 21 世纪之后，美国和俄罗斯等国均提出再次进行载人登月探测的计划，并做了大量准备工作。此外，日本、印度和部分欧洲国家也在积极研究和规划载人登月的计划。

目前，在太空运行的国际空间站将继续运行，其合作成员国多次讨论研究了国际空间站退役后可能的后续载人航天任务。2017 年，美国总统特朗普上任后，宣布要重返月球，并指出不仅仅是为了在月面插旗子或留下脚印，而是为美国航天员前往火星或更远的太空奠定基础。国际空间站的主要成员国达成一致，要在月球轨道上建造"深空门户"，作为太空港。2017 年 9 月，在澳大利亚阿德莱德举行的第 68 届国际宇航大会上，NASA 与俄罗斯联邦航天局签署了联合声明，将开展地月空间探索，并将实现载人登月探测，为载人火星探测奠定基础。2017 年 12 月 11 日（阿波罗 17 号飞船成功着陆月球表面的 45 周年纪念日），美国总统特朗普签署了"国家太空委员会"一号指令，即太空政策一号指令，明确了美国航天员要重返月球，并为载人登陆火星奠定基础。

中国也提出了载人登月探测的远景目标，并进行了相关论证，但尚没有正式立项。嫦娥奔月的经典故事是中华民族的梦想，相信在不久的将来，我国也会把航天员送上月球，实现古代传说故事里的美好夙愿，同时展现我国航天强国的实力。

✈ 月球基地

在月面实现人类长期生存，必须建立月球基地，保障衣食住行，配置完善的生产、生活和娱乐设施。月球基地的建立是一个从小到大、从短期到长期、从初级到高级、从简单到复杂的过程。目前世界各国均没有实际建造过月球基地，只是在积极规划设计、构想和讨论月球基地建设的相关问题。建设月球基地，尤其是永久性的月球基地，对火星基地的建设也非常有帮助。一些密闭支持和生命保障系统具有相似性，低重力下的一些应用技术可以推广至火星基地建设，并且未来月球基地可以作为火星任务的发射台。月球基地也可以作为地月空间和深空探测的太空制造加工厂、太空中转基地，以及太空补给站或加油站。

建设月球基地是一项复杂的系统工程，需要全面考虑地月运输能力、月面组装和操作难易程度、人机协作程度、使用寿命，以及可重复使用性等。

月球基地在早期和初级阶段规模不宜过大，一般主要利用月面着陆舱、刚性舱或柔性结构等组建月球基地。随着月面人员增加，功能需求增加，逐渐拓展基地的规模。高级月球基地一般利用月面的原位资源作为建筑材料，建造满足较多人口居住的较大规模的月球基地。随着空间作业智能化程度的提高，未来的月球基地将有大量工作需要航天员与机器人联合作业。

1. 按照月球基地的规模划分

小型月球基地（或称为前哨站）：维持少量几人规模，短期有人驻守，长期自主运行，能够生存大约数月或一两年的时间。

中型月球基地：在小型月球基地的基础上形成，能够容纳十人以上，维持数年时间，需要5～10年的时间建造完成。

大型月球基地：能够承载数百人甚至更多人的规模，维持十年以上的月面生存，需要数十年的积累逐渐建造。

无人月球基地：依靠机器人自主建造，在能够实现维修保障下，可以长期工作。

月球城市：可容纳上千人的规模，实现月球移民，可在月面生存数十年。

2. 按照月球基地的结构类型划分

刚性舱：可以利用登月舱直接作为月球舱，组装简单，技术相对成熟，可以多次发射且多次组装。

可展开结构舱：包括充气式、机械展开式和混合式等，主要结构可由航天器运载至月面后展开舱体空间，体积和质量受火箭运力限制较小。

建造式月球基地：利用月面资源进行原位建造，受火箭限制小、使用寿命长且扩展性强，适合建造长期有人居住的大型月球基地。

组合式月球基地：由上述几种结构的舱体组装，如刚性舱与充气式可展开结构舱对接组装等。

3. 按照月球基地在月面的嵌入程度和位置划分

地上基地：建设于月面之上，可以直接将月球舱部署至月面；也可以利用月尘、月壤，增材建造月球的地上建筑，构建一层或多层大型月面建筑结构，外层覆盖厚厚的月壤，以抵御月面的恶劣环境。

地下基地：通过挖凿或爆破等方式，构建月面以下的空间，搭建多层生活和工作环境，能够屏蔽辐射和避免微流星与陨石的撞击，只需要专门建设基地内部结构、顶层和进入通道。

半地下基地：是地上和地下月球基地的一个折中设计办法，是建造月球基地一种较好的选择。

月球洞穴基地：月面温度差异较大，洞穴内能够保持比较稳定的温度，具有地下基地的部分优势，需要建设进入通道，对洞内的原始环境进行装修。

按照月球基地的功能区域进行划分，组合舱体或模块化月球基地可以分为不同的功能区，如生活区、服务区、工作区和科学实验区等，基地外还有交通枢纽区、厂矿区、能源区和通信导航区等。生活区根据舱内结构，进一步可分为卧室、餐厅、卫生间、厨房、文娱室和健身房等。服务区提供食品供应、设备维修和地月通信等服务。工作区支持为了实现在月面长期生存所需的各项工作。科学实验区开展种植和饲养等培育实验，还支持生命科学、材料科学和物理实验等研究。也有人提出可以在月球基地建设地球防御系统，发射核动力火箭，防止地球被小行星或彗星袭击。

✕ 关于月球基地的伟大设想

从 20 世纪下半叶开始，多个国家针对在月球建立基地，提出了各自的伟大构想。

1. 美国月球基地设想

早在 20 世纪 60 年代，NASA 就提出了建设月球基地的设想，其间进行了大量概念研究和初步设计。美国一直拥有比较先进的创新理念，多次将有人或无人的月面舱体发射至月球，还提出了多种月球基地模式。

刚性舱月球基地：利用载人登月舱直接建设月球基地，刚性舱可以由着陆器直接带到月面，然后卸载至特定位置。多个刚性舱可以进行模块化组装，如中心舱、居住舱、能源舱和实验舱等，可以密闭式连接，也可以松散耦合。在达到一定规模后，设置相对独立的原位资源利用舱和制造舱等，提取月面资源，智能自主建造大型永久性月球基地等。

可移动式机器人月球基地：将月球基地与机器人、月球车的概念相结合，利用加压月球车作为小型月球基地的主要结构，可以离开月球基地大本营较远的距离，具有一定的补给能力。为了防止月尘损坏车辆和设备，也可以给月球车穿上"航天服"，阻止月尘进入月球车的舱内。多个月球车式的居住舱可以按照一定构型连接起来，形成丁字形或环形结构，扩展成较大规模的居住联合体，不同功能分舱段设计。

充气式月球基地：可以设计成多种形状，如圆形或柱形等，可以由多个舱段连接成一个功能齐全且规模较大的月球基地。圆形充气式月球基地，将整个舱体的部分体积嵌入到地下坑内，已有的设计概念将舱体从上至下分为多层，包括环控生保区、实验区、控制区、工作区和生活区等区域，配置实验室、养殖园、健身房和餐厅等。柱形充气式月球基地，包括立式和卧式两种：卧式为半圆柱形，立式结构由居住舱和气闸过渡舱两个圆柱形充气舱构成。

充气式舱体需要安装气闸舱，一端连接舱体，另一端作为出口，运送人员和货物。充气式舱体一般为柔性材料，舱体上面需要覆盖月壤防护层，防止辐射和微流星等损坏舱体表面材料，延长使用寿命。

美国毕格罗航天公司与 NASA 联合研发，研制了毕格罗可扩展活动模块太空舱（BEAM）。这是第一个私人资助和开发的空间站模块，是一个充气太空舱，于 2016 年在国际空间站首次成功展开，能够扩展成直径 3 米、长 4 米的类似球形的舱室。未来可以将其改进，应用于月球基地或火星基地的基础设施建设。

利用大型六腿机器人支撑整个航天员的居住舱，形成可移动的基地。它的特点是规模较小、移动方便、活动能力强、智能操控性能高，是大型基地建设前期临时短期驻留的一种较好选择。

2. 俄罗斯月球基地设想

早在 20 世纪 60 年代，苏联就开始设计和研制载人月球探测的航天器，但因为美国阿波罗登月计划首先成功开展等原因，苏联最终取消了载人登月计划。近年来，俄罗斯提出月球基地和月球轨道站概念，计划建造一个永久的月球基地。在建设月球基地之前，俄罗斯计划在 21 世纪 20 年代中期发射无人探测器，为载人登陆和月球基地选址做准备；在 2030 年左右实现载人登月，之后再派送多名航天员到月球，逐渐实现月球移民。俄罗斯计划花十余年的时间，在月球北极附近区域组建一个月球基地，并建设矿厂，提取和生产氢、氧、水和金属等物质，成为月面资源库和登陆火星的补给站。月球基地包含多项功能设施，如太阳能发电站、通信站、科学站、采矿厂、着陆和发射区、远距离月球车和月球轨道卫星等。

俄罗斯还计划建设可移动刚性月球基地，像国际空间站一样，经过多次地月运输，每次将新的模块运送至月面，进行模块式组装和搭建，形成核心舱与多个节点舱连接的构型。月球基地建设初期实现 2~4 名航天员驻留，建设后期实现 12~20 人长期驻留。

3. 欧洲月球村设想

2015 年 10 月，ESA 新任局长在第 66 届国际宇航大会上，提出了建立国际月球村的计划。月球村不是要在月面建造一个村子，而是建设一个由欧洲提出、多国参与合作、开展多种探测和研究活动、作为国际空间站退役之后的太空新基地，将利用月壤进行自主增材建造和 3D 打印，构建月球基地。我国航天机构也将和 ESA 探讨合作事宜，参与人类建设月球基地的宏伟工程。目前，月球村建在月球什么位置尚未确定，在月球正面、两极或背面各有利弊。英国一家 3D 打印公司已经在地面利用类似月尘的模拟材料，进行了建造试验，将模拟月尘与氧化镁混合，以作为打印材料。

■ 欧洲月球村示意图。

将充气式舱体安装到指定位置后，机器人 3D 打印机将就地取材，利用月尘、月壤，在充气式基地的周围建造外墙，并且以月尘、月壤覆盖月球基地的屋顶，以保护航天员免受宇宙线的伤害，防止陨石碰撞侵袭。月球村作为月球上的第一批永久性定居地，未来几十年内有望实现航天员在村里的长期生活和工作，支持月面的科学探测和研究。月球村是一个内部分层的综合性建筑结构，空间利用充分，设置了专门的休息区和工作区。

随着计划的推进，预计将有越来越多的国家加入这个"月球俱乐部"，为未来人类走出地球，在月球长期生存和移民外星做准备。中国和 ESA 倡议共同建设月球村，在月面建立自主运行的科学设施。未来月球村也可以为各国的太空旅游提供场所，为月球采矿提供支持。

✈ 未来的月球家园

建设一个可以长期居住的永久性月球基地，实现移民外星球，一直是人类的梦想。我们期盼在月面搭建可供大量人员居住的大型建筑；将源源不断的太阳能转化为电能，支持基地运行；在满足月面生活的同时，安装先进的科学设施，探索宇宙奥秘；开展太空生命前沿科学实验，为人类在太空的长期繁衍和生存奠定基础。未来的月球家园将是一个自给自足，具有月球特殊文明，能满足人类长期生活和工作需求的充满活力的空间。

未来的月球家园，将按照前哨站、月球基地和月球城市的发展路线建造。目前仅实现了载人登月，尚未建立确定的前哨站，甚至连科考站也没有建立。前哨站将主要由加压舱、发电设备、月球车、维持短期生活的必需品和科学探测设备构成。月球基地时期将建设功能齐全、规模较大的长期月面生存空间，包括就地取材建造的月面建筑、密闭生态系统、废物处理系统、发电站、月球车、天文望远镜和其他科学探测设施等，能够满足多人多年的月面生存。月球城市由类似地球上的综合性商务中心构成的大规模月球基地，以及配套的支持设施组成，包含多个功能模块。

建造未来月球家园也困难重重，我们要努力解决以下生存问题。

1. 长期居住建筑

人类在月面长期居住必须有能抵御月球恶劣环境的房子，然而在月球盖房子不是一件容易的事情。月球上没有水，没法制造混凝土，只能开采岩石，制造砖块；可以利用月面已有的月壤，直接凝结成块或添加成分制造月壤混凝土。3D打印技术可以利用激光等方式将月壤烧结成块状，形成建造月面建筑的结构部件，像在地球上一样垒墙和盖房子；也可以一次性形成大型结构体，直接拼装组合成房子。为了防止辐射，需要在月面建筑外表覆盖一层厚厚的月壤，因此，月面建筑看上去不可能和地球建筑一样美观，可能会像一座碉堡。

为了集中建设和节省月面宝贵的人力与物力资源，可以将月面的房子盖成地上与地下的多层形式，就像地球上的楼房修建地下室一样。建筑内具备各种功能区域，就像地球城市里的一体化多功能综合大楼。月面的多个建筑形成人类长期居住的大规模建筑群，就像村落一样，未来可以不断扩大规模，成为月球城市。

有些人可能会好奇，在月面上能否有足球场和篮球场等运动场？在月球低重力环境下，人体运动与在地球上运动有所不同，运动的幅度和力度完全不同，对四肢和肌肉能够达到的运动效果也不一样，因此，月面运动场的场地环境和活动规则将有所改变。基于低重力环境，可以开发出新的体育运动方式和新的运动游戏。

2. 月球密闭生态系统

我们不但要实现在月面长期生存，还梦想着在月球建立类似地球的生态环境，能吃到地球上的可口食物，品尝到世界各地的特色食物。因此，未来为了满足人类较高的长期生存和生活需求，需要在月面种植树木和蔬菜、饲养动物及养殖鱼虾等。月面是真空和强辐射环境，因此，必须在密闭的系统中才能实现类似地球一样的生态环境。

月球密闭生态系统是指支持生物与非生物之间的能量转换和物质循环的一个封闭式环境，也是一个生物再生和生命保障系统。系统内植物或藻类进行光合作用，吸收二氧化碳，制造氧气，分解和转化动植物废料，循环和回收利用废水和尿液等各种水资源。同时系统处于受控状态，配备温湿度环境监视和调控装置，具有多种支持运行的理化分系统等。目前多个国家已经在地面建立了月球密闭生态模拟系统，并由志愿者进行生存试验。

3. 月面采矿与资源开发利用

月球表面遍布着丰富的月壤、月尘和月岩等资源，可以作为资源利用的原料，满足月面自给自足的生活、工作需求。在月面进行采矿和矿物提取一直是人们梦想的事情。月壤化学成分和矿物组成复杂，具有混合特征，将月壤进行分离，可以获得金属元素、氧化物和硅酸盐等物质；经过提炼和热处理，能够获得铁、硅、铝、钙、氧等元素，再加工为制造玻璃、金属、陶器、推进剂和建筑材料等产品的原料。将月壤挥发物加热至 $700 \sim 800$℃，能获得氮、二氧化碳、水、甲烷、氢和氦等元素或物质。

月海主要分布着玄武岩，含有丰富的钛铁矿；月球高地主要由斜长岩和克里普岩等组成，都是月球矿物开采的主要资源。利用钛铁矿石能够提取铁、钛和氧等元素，同时获得水；利用斜长岩可以提取铝；利用克里普岩能够获得稀土元素和放射性元素。有了金属元素，借助 3D 打印技术，就可以加工各种工具和零部件。

月壤中含有丰富的氦-3资源，可能来自太阳风的注入，理论上可以通过高温加热进行提炼，实现就地核能生产和利用。氦-3 是第三代核聚变原料，可以运回地球，补充地球能源需求，缓解资源短缺的危机。

水是月面生存必须解决的一大问题，虽然几乎所有人都希望月球上有水资源可供人类提取和利用，但实际情况与想象相差很远。探测表明，月球南极的永久阴影区内可能存在水资源，但至今并没有找到确切可以使用的水。除了搬运地球上的水之外，继续寻找和开发月面上的水资源，依然是人类需要做的紧迫事情。

4. 能源补给

月面的能源获取也是月面生存的必备条件，必须保障月面各种设备的用电需求。能源系统是月球基地的重要组成部分，能源供给能力甚至制约着基地的建设规模。

从地球携带能源只能满足短期和较低功率的使用，为了长期获得能源，只能利用月面已有的资源。开发成本最低且最便携的方式是利用太阳能。月面有取之不尽的太阳能，昼夜周期可以达到半个月，可以长时间将太阳能转化为电能，并储存供夜间使用。通过增加太阳能电池板，可以逐渐扩大电站的规模，增强供电能力。月面的电力传输需要在月尘、月壤下埋设线缆，降低强辐射和大温差对线缆寿命的影响。

日本曾提出在月面建设超长距离的条带状太阳能发电板，甚至形成环月的太阳能电站，以便几乎所有时间都能获得太阳光照，源源不断地供应电能。未来可以利用月壤提取硅元素，基于 3D 打印技术制造太阳能电池板，实现原位生产玻璃和太阳能电池面板，动态铺设，不断拓展。

在月球建造核电站不是一件容易的事情，核能燃料资源提取是一个大问题。虽然目前月球探测的能力尚难实现在月面提取氦-3，但随着探索逐渐深入，未来将能实现在月面建造核电站，供应月球家园的长期能源需求。

5. 人类在月球生存对医疗保障的要求更高

月面强辐射和低重力状态对人的健康有较大影响，强辐射会对人体组织造成损伤，对细胞产生危害，对骨髓、肠胃和心血管等都有影响。受到高剂量辐射后，人还会恶心、罹患疾病，甚至诱发癌症。因此，为了能在月面长期生存，需要在月球基地设置专门的医院或医护区域，提供健康保障，包括定期进行身体健康检查、疾病预测和治疗等。

月面环境恶劣，受饮食、运动和工作等影响，在月面生存的健康状况比地球更脆弱。应对日常突发性内外科疾病，需要具备专业的应急治疗手段。

由于月面与地球环境差异较大，月面生活的饮食、运动和日常交流等无法做到与地球生活完全一样，非常枯燥单调。为了使人类在月面更好地适应环境，实现长期生存和生活、发展人际交往，心理测试和调节将是一项重要的内容，避免人类出现疲劳、焦虑和急躁等生理及心理现象，使他们保持良好的情绪和心态，以较好的心情和状态在月面工作和生活。

6. 月球基地的科学设施及研究

月面重力大约只有地球重力的1/6，因此，搭建或安装大型科学设施的结构件，相对地球，要容易一些。由于月面工作人员难以近距离长期维护科学设施，月面的科学装置需要自主运行，由月球基地、月基空间站或地球人员进行远程遥控。有一些科学装置已经安装在月面了，并对月球进行了一些研究，同时科学家正在规划新的研究形式。

第一，建立月基天文台。阿波罗16号任务时，在月面架设了小型望远镜；我国嫦娥三号探测器上也安装有天文望远镜。实际观测已经证明：月面非常适合天文观测，是建设天文台的理想场所。主要优势包括：月面没有大气，光学观测不受大气影响；月震不像地球上的地震那样频繁，稳定度较高；月面的低重力环境适合有人参与组装和维护。

月球背面没有地球的无线电干扰，适合建设低频射电望远镜或阵列，利用无人月球车可以远距离自动铺设望远镜设施，形成大规模射电望远镜阵列。月球两极或撞击坑阴影区的低温环境，适合红外望远镜观测，容易实现低温制冷，因此，可以安装大型红外望远镜或望远镜阵列。

未来可以利用月面资源提取硅元素，原位制造光学望远镜的镜面毛坯，经过精细打磨可以制造望远镜的镜面，进行组件式安装，形成月基大型光学天文望远镜或干涉光学望远镜阵列，探索宇宙的奥秘。

第二，从月面观察地球的大尺度变化。月球是距离地球最近的天体，是一个稳定的天然平台。在月面上部署地球观测设施，可以监测地球环境的大尺度全球变化。由于距离较远，因此，难以达到较高的分辨率，但在全球或局部区域监测方面具有独特优势。月球正面一直面对地球，并且昼夜周期达到半个月，可以实现对地球的大气、海洋和陆地进行长期稳定的监测，获取大尺度三维动态结果。

第三，建立月基科学实验室。利用月面低重力和无大气的特殊环境，开展生命科学、物理科学和材料科学等方面的实验，揭示地外天体在低重力条件下的物质规律和特殊现象，有利于推动地球上的药物制备、材料制备和通信导航等技术的发展，为人类在太空长期生存和繁衍服务。

7. 月球中转站

月球是一个天然的深空中转站，可以作为通往深空行星的太空枢纽，成为探测火星和更远深空的基地。因此，可以在月球上建设航天器发射场、着陆场及维修维护设施，服务于载人深空探测和火星移民。

随着月面原位资源开发利用技术的成熟，未来将从月壤和月岩中提取氢、氧元素，制造航天器推进剂，使月球成为一个太空燃料库或深空加油站，为往返于地月空间和火星的航天器补给燃料。

02
探索火星家园

▼

　　火星是距离地球最近的太阳系行星，它位于太阳系宜居带的边缘，在环境和演化等方面与地球具有相似之处和共同特征。因此，火星受到公众的广泛关注，也吸引了科学家的极大兴趣。火星为什么是红色的？它是否适合人类居住或人类如何适应火星环境？通过对火星进行多年的卫星和着陆探测，已经能够回答一部分问题，但是仍然有很多未解之谜。例如，火星的现在是地球的未来吗？现在火星上是否存在生命？

　　航天机构提出建设月球基地的同时，也有研究人员建议以开发火星为主要目标。依靠目前的航天技术实现火星移民仍有困难，包括旅途、衣食住行和长期生存等困难，但目前已经初步具备载人登陆火星的技术条件，使人类看到了未来火星移民的希望，并开始设想和规划载人登陆火星、建立火星基地和火星移民等。目前，人类正准备在火星表面部署机器人探测器，加强对火星的深入了解，为未来登陆火星做准备。

✈ 火星——人类地外生存的首选

　　太阳系里只有地球和火星位于宜居带。火星是太阳系由内向外数的第四颗行星，属于类地行星，是太阳系内与地球生存环境最接近的天体，也是迄今为止发现的最适合人类居住的地外天体。火星绚丽的环境看上去也明显比月球更适合生存，而且火星上有大气，四季分明。人类只要充分利用火星资源，改造和适应火星环境，建设密闭居住和生态系统，穿戴火星航天服，就可能实现在火星表面的长期生存。

1. 火星环境与地球环境相似

火星的质量约为地球的 11%，直径约为地球的 53%，体积约为地球的 1/9，自转轴的倾角和自转周期均与地球相近。由于火星上现在没有海洋，表面积实际上与地球表面的陆地面积相当。火星的表面重力约是地球的 2/5，火星的自转和地球十分相似，昼夜比地球稍长一点。火星绕太阳公转一周约为 687 天，距离地球的最近距离约为 5500 万千米，最远距离则超过 4 亿千米，火星和地球约每 15 年出现一次近距离。人类的航天器从地球飞行到火星，一般需要 10 个月，因此，一般粗略地认为往返火星至少需要 500 天。未来如果使用核动力推进技术，从地球到火星的时间将大大缩短，但到火星绝不会是"一日游"。

火星距离太阳的距离比地球远约 1.5 倍。火星表面的平均温度约为 -55℃，而且昼夜温差比较大。与地球相似，火星表面温度随着纬度的变化而变化。

2. 时常发生沙尘暴

火星表面遍布沙丘、沙漠和砾石，拥有以二氧化碳为主要成分的大气，沙尘悬浮在大气中。火星大气压远不及地球的大气压，并且随着高度的不同气压的变化明显，但足以支持经常爆发局部的，甚至全球性的沙尘暴。

火星每年都会发生人类难以想象的特大风暴，风速是地球上 12 级台风风速的数倍，强度之大，具有毁灭性的力量；范围之大，甚至几乎可以席卷整个星球。火星上的沙尘暴一旦刮起来，可以持续数周至数月之久，一年大约有 1/4 的时间笼罩在风暴之下。比较大的沙尘暴通常发生在火星南半球的夏季，此时距离太阳较近，明显变热。全球性的沙尘暴会存在数年的间歇期，目前尚未被研究清楚。

火星上发生风暴时的红色景象虽然壮丽，但其生态环境极差，并且沙尘暴对地球人类的生命健康和火星表面的仪器设备都存在威胁。例如，沙尘会完全覆盖太阳能电池板，遮蔽阳光，还会磨损或腐蚀科学仪器，降低仪器的寿命。

3. 火星为何呈现红色

火星表面的天空、砂土和岩石等，肉眼看上去都是红色的，因此，火星也被称为"红色星球"。我国古人观察火星，因其呈现红色，所以将其称为"荧惑星"，有荧荧如火、隐现不定和令人迷惑之意。古罗马将火星称为"玛尔斯星"（意为"战神"）。

火星表面的土壤富含磁赤铁矿，含铁量比地球土壤高。火星岩石中含有的铁质，在沙尘暴爆发的过程中被氧化成红色的氧化铁。火星由于常发生风暴，沙尘被吹得到处都是，所以表面覆盖着氧化铁沙尘，因此，在地球上看到的火星表面呈现红色或黄褐色。

4. 火星上的高山和陨石坑

火星全球主要地貌特征为北半球多平原，南半球多高山；高山、平原和岩石等，看上去与地球地貌类似。火星上最高的山脉是奥林帕斯火山，也是目前太阳系最高大的火山，高度超过 27 千米，大约是地球珠穆朗玛峰高度的 3 倍。最长的峡谷是水手峡谷，长度超过 4000 千米，是火星上比较明显的地形特征。

在已有的探测基础上，我们可以想象火星上的壮美景观。火星的南部覆盖着大大小小的撞击坑，数量众多，许多撞击坑叠加在一起。通过几十年的研究，科学家已经发现火星曾经有过火山活跃时期，也存在流星等星体撞击形成的陨石坑。

5. 火星的极地冰盖

火星虽然没有液态的海洋和湖泊，与历史时期相比环境已经恶化，但火星与地球相似，南北两极仍然存在冰盖，但与地球上的冰盖成分不一样。地球上的冰由水构成；火星上的冰除了水，还有冰冻的固态二氧化碳沉积物，也称为干冰。火星北极的永久性冰盖主要由水冰组成，南极水冰冰盖上还有厚厚的干冰层。近期 3D 雷达探测数据揭示了火星极地的冰盖结构，冰盖下冲击地形的形成仍然是个谜。火星冰盖冰层蕴含着火星气候随时间演化的过程，研究火星冰盖对揭示火星数百万年来的历史演化具有重要意义。

经过火星快车的探测，南极冰盖厚达数千米，而且纯度很高，除了部分干冰，大部分是冰冻的水。人类要想实现火星移民，必须解决水的来源问题，因此，可以融化火星的极地冰盖，使其成为可利用的水资源。如果将火星南极的冰盖全部融化，融水足够覆盖整个火星，使火星成为宜居行星。

6. 火星的宜居性

火星本身是一个寒冷、干燥且荒芜的外星世界，但也是目前最适宜人类移民和居住的行星。人类可以改造火星环境，利用火星表面的资源建造火星基地。

目前，美国有望在 2030 年左右实现载人登陆火星，2050 年左右在火星建立初步规模的居住环境。未来将建造规模较大的火星基地，实现人类火星移民。

7. 关于生命的探索

火星在历史演化过程中是否存在过生命，现在是否还存在生命？这些疑问一直是人们关注的话题。将火星表面的土壤或岩石等样品带回地球分析或在火星表面进行原位分析，可以获得火星上生命物质的详细信息。

有证据表明，火星曾经具备孕育生命的诸多条件。未来火星移民的探索将要长期深入研究在火星实现地外繁衍，再一次孕育生命；在火星自给自足，建立大规模的生存基地。

人类在地球之外首先找到的生命很可能是微生物，而并非类似人类的高级生命，更不可能是可以与人类交流的外星人。目前没有证据表明火星表面存在高级生命，但有可能存在微生物。

8. 火星上的水及神奇的水流痕迹

火星表面有水蚀变矿物和硫酸盐等蒸发盐类，表面可能曾经有过水体，甚至可能曾经存在过海洋。目前，火星表面上没有稳定的液态水体，但可能存在周期性的液态水。有人认为火星的地下有可能存在液态水。

多个火星探测器勘测到了火星上有水存在的迹象，发现火星表面存在着貌似洪水冲刷形成的沟壑痕迹。火星上的古河道、河流冲积的河床、古湖泊和海洋盆地等地貌特征，表明火星曾经存在水流现象和大量水体活动。有人认为，液态季节性水流来自夏季融化的冰层。

✈ 人类的航天器已经多次着陆火星

人类为了实现载人登陆火星和未来火星移民，已经做了大量工作，包括发射飞越探测器、环绕探测器、着陆器和火星车等航天器。其中，火星快车在火星北极附近的环形山底发现一块冰，并首次探测到火星上的极光现象；凤凰号探测器发现火星北极土壤呈碱性，土壤探测和分析发现少量的盐及氧化性极强的高氯酸盐，确认火星上有水；勇气号火星车在火星土壤中发现二氧化硅，是火星上曾经有水的证据，还发现火星土壤含有硫酸盐，也暗示曾经存在水；好奇号火星车发现了湖泊遗迹，采样发现了有机碳颗粒，发现火星岩石中存在氮化物；火星勘测轨道器也发现了大量水和二氧化硅，绘制了火星北半球中纬度局部区域的冰分布情况；火星大气与挥发物演化探测器揭示了火星大气的逃逸速率和演化史，推断太阳风可能导致火星大气层和水的消失。

虽然多次火星探测并没有得到直接证据表明火星上存在生命活动的迹象，但火星独特的地形地貌、表面环境和存在冰等诸多现象，仍然表明火星过去曾经可能存在过生命。带着好奇和疑问，人类对火星生命的搜寻与探测从未停歇，一直致力于积极研究如何适应和利用火星环境。

我们对火星的认识还比较有限，需要人类亲身接触、感受和适应火星上的环境，进行开发建设和自给自足地获取食物，维持长期生存。要实现火星移民，必须先进行载人登陆火星实验，直接探测火星环境对人类生存的适宜性。

✈ 未来的火星家园

人类目前仍未踏上火星，但火星在太阳系宜居的独特性一直吸引着人类的无尽探索，我们也在为火星移民和建造火星家园不懈努力。人们畅想前几次载人登陆火星，以体验和掌握火星自然环境为主；之后尝试进行拓荒改造，建造基本设施；经过几十年的建设，将形成初步的火星居住场所。经过人类几代人百年的努力，将建成火星基地和火星城市，自给自足地实现在火星几年，甚至几十年的长期生存。

人类火星移民的过程，就像人类向原始社会转化的过程：从数万年前的山洞式居住方式，发展到利用土壤和木材搭建的半地穴式房屋，并形成聚落；再由小到大，由中央向四周扩展，形成较大规模的聚落；在此过程中，人类文明逐步形成，并学会烧制陶器和制造工具等。与地球发展所不同的是，火星上没有可供狩猎的食物，也没有可利用的树木和植物，可以利用的只有土壤、阳光和大气等，一切需要自给自足。但人类具有高级智慧，可以利用地球的植物和动物来培育火星生态系统，改良火星土壤，在火星种植植物和养殖动物，使它们适应环境并实现世代繁衍；可以从大气和土壤中提取各种元素，制造氧气、水和金属等物质，维持人类和动植物的生命，通过加工制造各种工具支持长期的生存和生活；可以制造发电装置，供应火星基地各种设施的正常运转。

人类生活最基本的需求表现在衣食住行上，它们在火星上是如何实现的呢？

1. 衣

与在月面一样，人类无法直接适应火星表面的恶劣环境，到户外活动必须穿戴航天服——火星服。火星大气稀薄，也常常出现漫天飞舞的狂沙，并且火星空间对宇宙线的防护效果较差，辐射非常重，因此，火星服需要具有抵抗辐射、沙尘风暴、寒冷或高温等极端天气的能力。同时，火星服既要质量轻，便于行动，又要抗损坏性强，便于在火星表面开展工作，如操作科学仪器、驾驶车辆、挖掘土壤或岩石等。火星服不仅是一件衣服，也是一套复杂的实验装备，配置各种内外部智能感应器、科学探测仪和实时摄像设备等装备，实时监测人的生理状态、外部大气和尘土状态，探测火星土壤和岩石，并向居住舱传递通信和导航信息等。目前，航天机构已经在地球南极和西班牙等地测试了为登陆火星而设计的火星服。

在保障人类生命安全的前提下，也可以将火星服设计得更漂亮，接近人类在地球冬季寒冷时穿着的时尚冬衣。

2. 食

人类在火星表面驻留，需要解决食物问题，人体必须补充能量和营养。从地球携带食物是一种解决办法，可以携带各种高营养物质，如营养粉、营养饼干、葡萄干和肉食等，甚至是保质期长的饭菜。但火星距离地球比月球遥远得多，受运载能力的限制，所能携带的食物和后勤资源有限，仅靠携带的物资不能满足长期生存的需求，因此，建设火星家园必须在火星表面就地解决食物来源问题。

利用火星土壤或进行适当改良，种植地球上的作物、蔬菜和果树等，将是未来火星生存的必然选择，尤其是抗寒高产作物。我们可以想象在火星上建造一个支持动植物长期生存的密闭生态系统，暂且称为"火星大棚"，进行恒温培养。为了获得各种蔬菜瓜果和肉制品，种植和培养区域可分为：主食作物种植区，如水稻、小麦和玉米等；蔬菜种植区，如土豆、番茄、黄瓜和豆角等；动物养殖区，如鸡、鸭、牛和羊等；食品加工区，进行肉食制作、大米和面粉加工及蔬菜保存等。在火星上种植农作物需要先进行试种，建立小型试验田，经过培育掌握产量、营养量与生长周期等特征后，再进行大规模培育，满足人类火星生活的日常需求。

因为水资源在火星上非常宝贵，有人认为第一批火星移民的食物可能是适应环境并容易存活的植物，要尽量选择水分需求较少的植物，甚至包括促进光合作用的藻类和菌类等。浮萍被认为是一种理想的植物，形状小、生长快且含有丰富的蛋白质和营养物质。

火星表面是一种氧化环境，火星土壤主要是岩石风化后的碎屑，与地球土壤的区别不是很大，但含铁量比地球土壤高。由于火星土壤含铁和铅等元素，适合种植何种作物、生长情况如何及是否可以安全食用等问题，仍然需要进一步研究。例如，火星土壤中高氯酸盐的含量远高于地球土壤，可能会影响人的新陈代谢。目前多个研究机构在地面实验室模拟火星土壤，进行动植物培育和养殖试验，为未来在火星长期生存和火星移民做准备。

火星重力大约只有地球的 2/5，人类在火星表面消耗的能量与地球相比会大大减少。但是对于人类尚未开展的地外长期生活，食物不能过于单调，否则营养单一可能造成身体素质变化，甚至对健康和心理产生影响。火星家园需要专门的火星厨师，设计专门的火星食谱，让火星移民能够享受到和地球一样的食物，以充沛的精力和体力进行生活和工作。

3. 住

人类一直期盼能实现火星移民并长期居住，但往往忽略了火星的特殊环境。火星虽然不像月球上连空气都没有——它有大气层，却时常发生大范围的沙尘暴天气，甚至会席卷大半个火星；再加上温度非常低，暴露辐射严重，太阳耀斑影响较大，真可谓环境极其恶劣。因此，火星建筑既要保证居住空间不受高温、严寒和辐射的伤害，抵御大幅温差、强烈大风和沙尘暴天气，还要有充足的阳光照射。在火星居住舱或火星基地里配置供电网络、水循环系统、生态系统和生命保障系统等支撑体系，构建自给自足且舒适的火星生存环境，势在必行。

仅利用火星登陆舱，一般只能支持几个人的短期生存；模块化组合式火星居住舱，通过多次部署和对接，具备在火星生存和生活的支持功能，可以满足几个人数月的生存。可以想象比较直接且相对简单的利用火星资源的居住方式，如利用火星岩洞建造居住场所，构建进出通道，加装特殊防护的门窗，人类就可以身处其中，免受外界影响，既保温又防辐射。要建立长期生存的火星基地，则应采用更高级的建造方式，如利用火星土壤和岩石进行自主增材建造，与月球基地类似，可以实现几十人数年，甚至数十年的长期生存。人类在火星的居住形式，主要有如下几种。

第一种是火星基地。按照在火星的驻留生存时间，可以将火星基地分为临时、短期、长期和永久的火星基地。临时火星基地的资源完全依赖于地球，保障驻留数天至数月；短期火星基地的大部分资源依赖于地球资源，进行自主生产试验，保障驻留数月至一两年；长期火星基地主要利用火星表面的资源进行自给自足的生产，保障驻留数年至数十年；永久火星基地的全部资源在火星表面生产和供给，可以脱离地球的供应，保证几代人在火星上长期生存、繁衍、生活和工作。

临时火星基地主要为舱体式结构，具备环控生保和电力供应等必备系统，保证火星航天员能随时返回地球；短期火星基地为多个舱段组合结构或利用部分火星资源的复合式结构，具有一定的生活空间，具有动植物培养试验系统和能源生产系统等；长期火星基地可以考虑从地球携带部分金属或特殊材料的架构，利用火星土壤自主增材建造建筑构件，搭建建筑结构，配置发电站、动植物培育与养殖空间、娱乐空间、厨房、餐厅、医疗室和健身房等；永久火星基地可以考虑设计成半地上半地下结构的穹顶式结构，并且在火星表面部署多个基地，就像完备的地球城市，具有较完善的统一管理机构，有专门设置的农场、果园、医院、学校、工厂和交通站等。

第二种是居住舱。飞往火星的旅途遥远，运载能力有限，因此，充气式居住舱将是一种比较实用且容易建设的临时或短期火星基地，它可以节省大量的建筑材料，减少地火运输量，并且还可以用来建设火星轨道空间站。通过多次发射运输，由多个充气式居住舱组合成大型综合居住舱段组合体，各功能模块分舱段布局。甚至还可以在火星表面放置可移动的居住舱，在火星表面短距离移动，获取原位资源，开展科学探测实验。

第三种是火星岩洞。像地球上的原始人一样，在没有掌握建造房屋技能的时候，居住在火星表面现成的岩洞里，将是一个不错的选择。人类过去的洞穴居住时间可能长达数十万年，但在火星上却是新的尝试。

第四种是地下空间。火星基地的地下空间不仅可以防止高温炎热与极度寒冷的天气，更重要的是地下空间在环境防护上具有明显优势，可以隔绝强烈的宇宙辐射和微小陨石的撞击。建造地下空间，需要配置一台或几台火星挖掘机，挖掘的土壤可以作为增材建造的原材料，构建地上空间。

第五种是自主建造的房屋。建造火星基地最有潜力的方法是3D打印。利用火星岩石进行自主打印，生产建造房屋结构的基本砖块、复杂构型的三维建筑构件，然后像在地球上搭建房子一样逐层累建。也可以直接成形，制造出较大的结构，搭建后进行修整和装饰。其增材建造过程与月球相似，但在火星上相对更容易一些，因为火星上有大气，存在冰，可以利用的资源更多，更容易制造"水泥"。

第六种是半地下式建筑。对于长期生存，比较可行的火星基地建设方案是半地下式基地。有研究人员提出，可以在火星地表之上建造一个大型的玻璃穹顶，并且配置遮盖帘罩，防止太阳活动爆发和强辐射。玻璃建筑内外环境完全隔离，内部配备环控生保系统，进出时需要通过特殊的密封通道和气闸舱段，内外部连接有电力和通信线路。

建设火星基地的最终目标是改造火星环境，从中小型密闭系统，逐步发展到大规模穹顶式封闭的类地生态环境。虽然在火星上短期实现大面积森林尚存在困难，但在密闭环境内种植小面积树木，利用几十年时间建造一个幽静、绿色、田园式的居住环境还是有可能的。试想，坐在玻璃墙内的田园里，看着外面广袤的沙漠，令人何等神往！

第七种是冰屋火星基地。在美国火星 3D 打印栖息地挑战设计大赛中，冰屋设计脱颖而出。冰在火星上大量存在，在北部高纬度地区的风化层里很容易提取，并且加工相对简单。有人认为，传统风化层覆盖的火星建筑处于黑暗隔离和封闭状态，若人类长期居住，容易对心理产生影响。冰屋呈半透明状，可以透入阳光，使居民的生物节律更加直接，有助于人类在内部长期健康的生活。此外，冰屋还可以屏蔽辐射，防止大量紫外线和银河 γ 射线进入内部。冰屋的半透明双壳层为鱼尾状结构，内部为螺旋形，可以由自主机器人打印。在冰屋和壳层之间是一个垂直温室，就像内部居住房屋的一个院子。居住空间由起居室、图书馆、卫生保健区和锻炼区等组成。

■冰屋及其内部结构示意图。

4. 行

除了徒步行走外，在火星表面还可以骑自行车或利用具有动力的火星车短距离移动，但首先需要开辟可供车辆行走的火星道路，也可以研制适应火星土壤表面的特殊车轮。

火星表面的交通工具主要是火星车，目前已经开展的无人火星探测在火星表面放置了多辆无人驾驶火星车，包括勇气号、机遇号和好奇号等。截至2018年2月，机遇号火星车在火星表面工作超过了5000天，行驶距离超过45千米，传回大量照片，发现了大量神奇的火星地貌和景象。

有人驾驶的火星车，既要保障驾驶人员的安全，又要确保长期行进的舒适性。在载人火星探测初期阶段，还要利用火星车完成一些科学探测。当然有人驾驶与无人驾驶各有优势，但有人驾驶可以更灵活地控制速度，避障也更及时，并且人为判断比探测设备的识别更具感观性，符合人的直观理性思维。在火星移民没有达到一定规模时，火星车即使不按照特定路线行驶，也不会出现撞车现象，暂时不用考虑类似地球城市的交通拥堵，但需要处理行进障碍和特殊地形。

火星车需要穿越火星表面的各种地貌，包括沙漠、大小砾石及各种坡度的山丘和沟壑，需要避开体积较大的岩石，翻越丘陵。火星车要携带科学探测和采样设备，采集土壤和岩石样本，并进行原位简单分析，以调查所在位置的土壤、地质、矿物和环境情况。人类已经开始对火星机器人进行概念研究，将研发智能机器人火星车，进行原位物质提取和分析，无须专门把样品带回地球。

制约交通工具行进距离的主要因素是能源，因此，需要提供强大的动力，保障火星车可以在火星表面大范围活动和进行科学探测。据报道，有国家正在研发新一代核动力火星车，将能够搭载更多设备，行驶和活动能力更强。

在火星表面的矿场附近需要部署挖掘机和矿物货运车辆，完成采矿和矿石搬运的工作。将原始矿物岩石放入特定的加工设备，提炼矿物元素，为在火星上制造各种物品提供原材料。

5. 移民火星需要的必备基础设施

人类要在火星上生存，需要提供必备的通信与能源保障系统，可以利用火星独特的环境，建立相应的设施。

虽然人类尚未登陆火星，但精准的导航和定位也是必不可少的，以便人类可以掌握设备的活动范围及环境状况。当火星上的设备需要与地球或火星轨道上的航天器联络时，也可以由地面人员或火星轨道站上的航天员远程操控火星设备，对重要活动和问题做出判断，及时发送执行程序或指令。

虽然地球与火星具有相似特征，但距离并不近。光线从地球到火星平均需要约 12.5 分钟，因此，火星与地球大本营的沟通和交流存在时间延迟的情况，并非实时通信。

人类要在火星长期稳定地居住，必须有可持续的能源保障。火星表面不像月面那样没有大气和沙尘，火星表面对太阳能的利用率相对较低，因此，核能成为一个选择。小型核反应堆可以由地球运送至火星，利用多个小型核反应堆组成一个核电站，满足几年，甚至数十年的小规模供电需求。火星基地的大规模用电，需要建造大型的核电站，建造难度远大于地球上的核电站。未来随着火星资源原位提取和利用技术的发展，将利用火星土壤、岩石和矿物，提取核反应堆所需的放射性元素，实现在火星原位建造核电站。

火星光照条件不如地球和月球，但火星上常年刮风，而且风力较大，因此，可以安装一定数量的火星风车，充分利用火星的风力发电，具有安全可靠且无污染等优势。建造风电场，首先需要从地球运送风力发电装备。由于体积和质量较大，同时还要利用挖掘机在火星表面挖出固定风车的坑，将风力设备固定，以防止大风吹倒，因此，无论是地火运输还是在火星表面建造风电场，都不是一件容易的事情。电力传输需要在火星土壤下面埋设线缆，防止风化和辐射损害，将电能传输至风电场的控制设备，再分配到各种用电设施上。

虽然在地球或近地轨道上可以利用空间望远镜清晰地观察火星的外貌，但在火星表面由于存在大气，并且时常有沙尘暴，进行天文观测受到一定的限制，并没有月球表面理想。由于火星距离地球较遥远，也不能对地球进行高精度观测。

虽然天文和地球观测类科学探测受到一定限制，但可以部署其他科学探测装置，如空间环境和太阳物理、火星环境、火星地质和火星地震等，揭示火星的形成和演化历程及目前的环境状态等，为建造火星基地、人类火星移民提供科学支持。

　　火星上是否存在生命，一直是人类关心的热点问题，但至今尚未得到确切的答案。通过对火星土壤、岩石和地质沉积物进行详细分析，在火星上寻找生命迹象，研究火星生命科学是一件非常有意义的事情。

✈ 火星移民的畅想

　　实现火星移民和改造火星环境是两项浩大的工程，有可能需要几代人的共同努力才能实现。借鉴地球人类居住环境的建设经验，从无到有，从简单到复杂，从中心到周边，有序规划部署，在火星表面建设高效运行的火星基地，智能化管理，要比地球上一万年前人类居所的建造过程快得多。

　　随着未来火星基地各种功能设施的完善，人类的居住和工作空间将呈多点聚落式分布，当远征火星的航天员达到一定规模后，将逐步形成火星城市，与地球城市的设施相似。这样或许可以实现人类在火星上自给自足，多代生存繁衍。

1. 火星体验并非单程票

　　火星移民前期阶段可以先开设到火星体验的窗口，让人类就像在地球上旅行一样，乘坐飞船到火星体验生活，为未来大规模移民做准备。虽然旅途遥远，但到火星并非只有单程票。普通公民可以购买往返火星的双程票，往返一次至少需要 500 天。人类也可以在火星短期或中期居住，体验火星生活，还可以适当地为火星建设做些事情。当然去往火星的人员返回地球时，也可以带回自己采集的少量火星物品或在火星表面特定场所留下自己的纪念品，以此提升人类对火星移民的兴趣。

2. 地火太空摆渡车

　　建立地球和火星之间的交通运输通道，配置星际飞船，供人类经常性往返，并提供便利、安全且舒适的环境。星际飞船中途可以停靠在近地空间站、月球空间站、月球基地或火星空间站等太空中转站，进行物资补给，或人员中途休息，以保持深空长距离旅行的轻松。同时，还可以在地球、月球和火星上分别建立轨道太空基地，作为固定的太空交通港。

3. 火星上舒适的生活和工作环境

可以充分利用火星的宜居环境，将火星基地建造成拥有蔬菜和果树栽培园、植物园、动物园和娱乐场所的多功能居住区，温暖舒适且适宜长期生活和工作。火星移民在工作之余可以到电影院看电影，到健身房锻炼身体，到体育馆进行运动或比赛，到游戏厅体验虚拟现实游戏等。

畅想未来人们可以端着一杯咖啡坐在玻璃罩内，收听地球上的新闻广播，看着外面带穹顶的封闭式建筑群、沙漠、山丘和沟壑等景观，道路上行驶着自动驾驶的车辆，矿产挖掘机紧张忙碌地自动工作着……一番美好的火星家园景象就在眼前。

✈ 提前为移民火星做准备

移民火星与建造火星基地虽然费用昂贵且周期很长，但这是一项造福全人类的事情，除了官方的航天机构外，还吸引了大量私人公司的兴趣。目前一些机构和企业正在研发新型重型运载火箭和深空载人飞船，为载人地火往返飞行、建造未来火星基地，以及在火星上生活工作等储备技术。未来人类将会被更快且更安全地送上火星，建造聚居区、村落和城市。

随着载人登陆火星战略目标的提出，首先在地面建立火星模拟基地，对人类在火星表面的长期生存可能面临和需要解决的问题进行试验，已经成为公众和航天领域都关注的热门话题，也能满足人类先在地球上体验一下火星生活的愿望。目前，已经有一些国家的航天局及商业公司提出了载人登陆火星或移民火星的设想。

1. 美国 NASA 的载人火星探测计划

近年来，载人火星探测一直被美国视为航天研究的重要目标，并得到多届政府的大力支持，但一直没有明确的载人火星探测项目得到立项资助。

2005 年，小布什总统时期 NASA 提出了星座计划，计划重返月球，并进而飞往火星。由于资金短缺等原因，2010 年，奥巴马总统撤销了星座计划，但开启了研发新型载人飞船、运载火箭和登陆舱等航天工具的新时代，为美国后续载人深空探测计划奠定了基础。

作为载人火星探测的一个中间环节，可以先进行小行星捕获和重定向，进行机器人和载人探测，验证太阳能电推进与航天员保障等技术，然后飞往火星，进行载人火星探测。

深空门户的第三阶段将主要面向火星任务，进行火星验证飞行，航天员先在月球附近驻留，模拟飞往火星的旅途。之后将登陆火星，进行火星表面探测，实现火星表面居住舱驻留，并配置航天员移动系统。如果进展顺利，航天员将于 21 世纪 30 年代飞往火星。目前，美国正在研制重型运载火箭和猎户座载人飞船等火星探测的运载工具。

2. 中国火星模拟基地

我国已经提出概念性的火星探测计划，计划于 2020 年左右发射一颗火星探测卫星，进行轨道器和火星车联合探测，登陆火星表面，调查火星的历史，勘测是否存在生命和火星的生存环境等。目前已经在规划建设重型火箭，预计于 21 世纪 30 年代发射，进行火星采样并返回。

为了在地面做好充分的准备，我国建设了火星模拟基地，选址位于青海省海西蒙古族藏族自治州大柴旦红崖地区。那里被认为是"中国最像火星的地方"，植被覆盖稀少，分布着河流和湖泊干涸后的沉积物，属于典型的雅丹地貌群，其独特的地形、地貌和环境条件，使其成为在地球上模拟研究火星表面的理想场所。

3. SpaceX 未来火星移民计划

在 2016 年的国际宇航大会上，SpaceX 的首席执行官（CEO）埃隆·马斯克展望了 10 年内开始进行移民火星的计划，随后他描绘了移民火星的蓝图，构想了移民火星的"星际运输系统"：火箭与飞船都能重复使用，能够在轨补充燃料，运载能力比著名的土星 5 号月球火箭还要强得多。SpaceX计划建造上千套这样的系统，以满足火星移民的运送需求，并构想了在火星表面原位生产甲烷等原料，以便制造推进剂燃料。

从地球到火星上百亿美元的传统飞行费用，对于移民来说几乎是不可能承担的费用。SpaceX 希望把人均火星运输的花费降低到几十万美元，以便更多的人可以飞往火星，最终实现移民火星。SpaceX 计划于 2020 年开始测试，发射飞船前往火星，验证相关技术，21 世纪末分批向火星运送人类移民，并最终建立适合人类居住的火星城市。SpaceX 的火星移民计划规模之大，目标之远，导致它还有很远的路要走，也被认为存在很大的风险。

SpaceX 于 2018 年初已经成功发射了猎鹰重型运载火箭，该火箭高 70米，是阿波罗登月时期的土星 5 号火箭之后，人类设计出的威力最大的火箭，可以将 60 多吨货物运送至近地轨道。猎鹰重型火箭的试验成功，使火星移民又向前迈进了一步。

4. 荷兰火星一号移民计划

荷兰火星一号（Mars One）是一个非营利组织，自 2013 年开始，与多家航天机构签约，计划购买航天器，并计划向火星定居点发送太空舱，运送水、氧气和食品等物质。火星一号还构想了航天员在火星上开展自给自足的生活，将定居点划分为多个生活和工作的功能区域。

火星一号原计划首先进行无人火星探测任务，发射一个机器人着陆器和一颗通信卫星，并设想未来将人类送上火星，但该计划的时间安排一再推迟。如果火星一号的计划顺利，首批火星移民将有 4 人，在登陆火星后每两年运送一批火星移民，但首次载人任务估计的总成本将达到 60 亿美元。目前火星一号移民计划的前期人员征集和选拔工作已经展开。由于该计划可能是一次"有去无回"的单程旅行，且存在生命支持等诸多技术问题，资金筹措差距较大，因此，该计划一直受到各方质疑。

5. 阿联酋 2117 年火星战略

阿联酋大面积的沙漠环境与火星有相似之处，该国提出了 2117 年火星战略，准备用 100 年的时间在火星上"建都"。2017 年 9 月，阿联酋在阿布扎比宣布，将在迪拜附近的沙漠中建设火星科学城，简称"火星城"，作为 2117 年火星战略的一部分。火星城将模拟人类在火星的生存方式，建造实验室和博物馆等设施，研究如何适应火星的恶劣气候，在火星如何保障能源、食品和水源供应，如何开展火星农业种植等。

火星城将由 5 个相互连接的穹顶建筑构成，其设计方案参考了梅萨维德国家公园里的峭壁居所，可以容纳数千人。据介绍，这些建筑将就地取材，需要 30 年的时间才能建造成功。利用构建地下空间时挖出的沙子为原材料进行 3D 打印，建造墙体，形成穹顶式掩护。

按照阿联酋 2117 年火星战略，该国将于 2020 年先发射一个无人火星探测器，携带光谱仪等仪器，于阿联酋建国 50 周年的 2021 年抵达火星，探测火星的大气和灰尘等，研究火星的演化过程。

03
寻找太阳系外类地行星

▼

✈ 寻找"地球兄弟"

人类通过地基和空间望远镜，已经观测并基本了解了太阳系行星及其卫星的运行状态。目前已经掌握的情况是太阳系除了火星可能适合移民外，不再存在类似地球环境的行星或卫星，也不存在高级生命。但人类始终好奇，在广袤的宇宙中是否存在另一个地球，地球是否有"兄弟"，抑或有很多"地球兄弟"？我们并不清楚答案，也可以说探测才刚刚开始。

系外类地行星是存在于太阳系之外的宇宙空间、与地球的圈层结构和运行环境类似的行星，是我们寻找地外生命和宜居地的主要目标。

寻找类地行星的主要目的是搜寻太阳系外类似地球的行星，研究这些行星适合生命存在的条件及宜居性特征等。从 20 世纪 90 年代开始，随着关注的加剧，每年发现的系外行星数量越来越多，并且已经发现了极个别距离地球较近的，可能宜居或存在水的行星，目前还在进一步的研究和证实中。

1. 系外类地行星的特征

观测到的太阳系外行星大部分是气体巨星，因为巨星体积较大，容易观测和判断。气体巨星的大气层可能有毒，行星环境可能对人类和生物来说要么太热，要么太冷，不一定有液态水，也不一定适合生命体生存。系外类地行星距离地球遥远，只能根据类地行星和中心天体的关系特征，来分析类地行星的质量半径关系等特征。

宜居行星还需要满足的条件包括：围绕的中心恒星必须非常稳定，必须处在宜居带内，属于类地岩石行星，表面重力和大气压与地球类似，行星的活动不能太剧烈等。

2. 如何搜寻系外类地行星

从观测手段来看，搜寻系外类地行星有直接和间接两种方式。行星环绕着恒星或矮星运行，自身不发光，因此，很容易被恒星的光芒掩盖，导致直接观测太阳系外类地行星比较困难。如果能直接探测到行星的红外或紫外辐射信息，就可以确定行星的一些重要物理特征。红外探测是直接寻找系外类地行星的最佳办法，红外波段对一些物理特征比可见光波段敏感。行星的红外辐射能够揭示温度是否适合生命存在或是否适合人类生存等。受行星周围的浓密大气和云层，以及温室效应等气候条件的影响，在行星大气层外红外探测到的并不一定是行星表面的实际温度。行星大气层紫外线能够把大气层中的水分子分解成氢和氧原子，因此，根据紫外辐射，可以估算出分解前的含水量。

比直接探测更容易的办法，就是捕获行星环绕所属恒星运转留下的蛛丝马迹。与太阳系类似，在具有行星的恒星系里，行星绕转会对恒星的光度产生周期性影响，同时也会带来力学扰动。因此，通过间接观测恒星的光度变化或物理特征，可以探测其周围可能存在的行星。光谱是天体的特征标志，包含了物理性质、化学成分和运动状态等信息。通过观测天体多个谱段的光谱，可以获得丰富的物理和化学信息，如恒星的质量、化学成分和燃烧速度……这样可以间接分析可能绕其运转的行星的环境。

3. 搜寻系外类地行星的工具

寻找系外类地行星，需要有测光精度非常高的仪器和长时间的连续观测。在这方面空间望远镜具有较大优势，因此，已经有多个空间望远镜开展了系外类地行星的搜寻和探测工作。

开普勒空间望远镜（Kepler Space Telescope）是以德国天文学家约翰内斯·开普勒的名字命名的首个专门用于探测太阳系外类地行星的空间望远镜，于 2009 年 3 月发射升空，主要寻找恒星宜居区内或周围的类地行星、测定不同体积的行星的分布情况，以及测量行星的密度、质量和轨道等情况。目前，通过开普勒空间望远镜已经发现了大量系外行星和系外类地行星候选体，它在寻找"第二地球"方面发挥着重要的作用。2018 年 10 月底，NASA 宣布开普勒空间望远镜由于燃料耗尽，将正式"退休"。随着开普勒空间望远镜"退休"时刻的临近，NASA 于 11 月 15 日向其发送了地球给予它的最后一条指令："晚安。"巧合的是，这一天也是约翰内斯·开普勒去世的周年纪念日。

斯皮策空间望远镜（Spitzer Space Telescope）是以美国天文学家莱曼·斯皮策的名字命名的一台大型红外望远镜，于 2003 年 8 月发射升空。它能够穿透尘埃和气体，观测隐藏的宇宙奥秘，寻找太阳系外的行星，探索行星是如何形成的。目前，斯皮策空间望远镜已经延期"退休"。

哈勃空间望远镜（Hubble Space Telescope）是以美国天文学家爱德温·哈勃的名字命名的光学望远镜。1990 年 4 月，由发现者号航天飞机发射升空，在轨多次进行维修和更换，至今运行正常，取得了一大批重要成果，捕获到多个太阳系外行星和类地行星。

赫歇尔空间天文台（Herschel Space Observatory）是以英国天文学家威廉·赫歇尔的名字命名的一颗空间天文卫星，它实际上是一个空间望远镜，于 2009 年 5 月发射升空，2013 年结束使命。它主要研究恒星和星系的形成、宇宙的演化等，能够观测更年轻和温度更低的恒星，尤其是寻找处于萌芽状态的恒星新生儿。

此外，大量的地面望远镜也在搜寻和观测太阳系外的行星系统，包括目前最大的光学和红外望远镜——位于夏威夷岛莫纳克亚山顶的凯克望远镜。我国南极天文望远镜阵也发现了一些系外行星候选体。

✈ 地球并不孤独

在浩瀚的宇宙中，地球只是无数行星中的普通一员，只是由于目前人类的探测能力和探测手段还无法找到与地球环境类似且拥有生命的"第二地球"，但已经发现一些候选体。宇宙之大，系外类地行星的探索才刚刚开始。

1. 浩瀚宇宙

迄今为止，利用开普勒空间望远镜和其他方式已经确认了 3000 多颗系外行星，发现了 60 多颗潜在的宜居行星，但需要进一步观测证实。迄今为止找到的大部分系外行星是与木星相似的巨行星，生命很难存在。

通过系外行星搜寻发现，银河系里普遍存在着像地球一样的行星。基于开普勒空间望远镜数据发现，可能有上百亿颗地球大小的行星绕着类似太阳的恒星或红矮星运转。宇宙中有上千亿个星系，银河系拥有约 3000 亿颗恒星，可见在宇宙中几乎存在无数个类地行星，甚至可以想象有大量的"第二地球"存在，只不过尚未发现或距离遥远。

2. 已经找到一些潜在候选体

位于阿雷西博（Arecibo）的波多黎各大学行星宜居性实验室，列出了十几个可能潜在宜居的系外类地行星的保守样本。目前，还不能完全确定这些系外类地行星的组成和可居住性，以下对部分行星略作介绍。

比邻星 b (Proxima Cen b) 是一颗位于比邻星宜居地带内的类地岩石行星，距离地球约 4.2 光年，表面温度可能适宜，可能存在液态水。比邻星 b 是目前发现的距离地球最近且可能存在生命的潜在类地行星。

利用南美洲智利望远镜观测，发现了 3 颗行星可能环绕恒星 GJ 667C 运行。这 3 颗行星位于天蝎座，距离太阳系约 22 光年，都比地球大。其中一颗可能处于宜居带内，表面温度与地球相近，水不会结冰，具有适合液体存在的环境。

2015 年初，哈佛大学史密森天体物理学中心的天文学家公布了行星开普勒-442b 可能位于宜居带。开普勒-442b 比地球大，距离地球大约 1100 光年，表面地貌有一半以上可能为岩石地貌。

2016 年，利用开普勒空间望远镜发现开普勒-1229b 行星，它围绕着一颗红矮星运转，位于宜居带内，可能是岩石行星，半径和质量都比地球大。开普勒-1229b 比太阳年轻，温度也比太阳低。

2017 年 2 月，基于斯皮策空间望远镜和地面望远镜的观测，发现了围绕着一颗超冷褐矮星特拉比斯特-1（TRAPPIST-1）运转的 7 颗行星，距离地球不到 40 光年。特拉比斯特-1 的温度比太阳低很多，但寿命很长。据研究，7 颗行星中有 3 颗位于恒星的宜居带内，可能存在液态水。这是首次在褐矮星周围发现行星。

■ 围绕着特拉比斯特-1 的行星示意图。

LHS 1140b 围绕着一颗又小又暗的红矮星 LHS 1140 运转，距地球约 41 光年，体积比地球略大。

卡普坦 b（Kapteyn b）是一颗环绕红色次矮星卡普坦运转的行星，距离地球约 13 光年。

2013 年，美国天文学家在开普勒-62 恒星系统旁发现了 5 颗系外行星，其中开普勒-62e 和开普勒-62f 可能是位于宜居带内的固体表面行星，由岩石或冰块组成。

开普勒-186f 环绕红矮星开普勒-186 运转，半径与地球差不多，位于宜居带的边缘，与太阳系中火星的位置类似。

虽然科学家找到了一些可能的潜在"第二地球"，但仍然需要利用空间和地面的望远镜寻找更多的观测证据，全面证实其物理特征和宜居性。这些行星可能有液态水存在，但并不意味着一定有水；位于宜居带，但并不意味着就能像地球一样可以孕育生命；温度、大气、轨道和距离等可能与地球存在差距。目前找到的可能性较大的系外类地行星的数量较少，但发现的系外类地行星候选体距离地球越来越近，未来找到太阳系外地球家园的可能性也将越来越大。

✈ 人类目前的搜寻计划

随着探测技术不断进步、仪器精度不断提高，以及空间望远镜技术的迅猛发展，美国和欧洲提出越来越多的以系外类地行星为主要目标的探测任务。通过发射空间探测器，高精度测量行星的质量、半径、轨道和表面光谱特征等数据，精细探测其大气环境、表面重力、温度和反照率等，详细研究其宜居性。

下面为大家简要介绍美国、欧洲和中国目前的系外类地行星搜寻计划。

1. 美国

探测系外类地行星及搜寻生命迹象，一直是 NASA 空间天文学任务的目标之一，目前研制了多个空间望远镜，以下略作介绍。

凌日系外行星探测卫星（Transiting Exoplanet Survey Satellite，TESS），已于 2018 年 4 月发射升空，利用凌日法搜寻围绕太阳系外明亮恒星旋转的行星，尤其是距离地球数百光年，甚至更近的系外行星。

詹姆斯·韦伯空间望远镜（James Webb Space Telescope, JWST），原计划

于 2018 年发射，但因种种原因，已推迟到 2021 年发射。它的目的是探测系外行星的中红外光谱，可以对年轻的大型系外行星直接成像。

大视场红外巡天望远镜（Wide Field InfraRed Survey Telescope, WFIRST），计划于 21 世纪 20 年代中期发射。它的视野大约是哈勃空间望远镜的 100 倍，配置了高对比度的日冕仪，可以捕获微弱的星光，能寻找数以万计的行星。

针对系外类地行星的搜寻，美国还规划了多项其他的大型空间望远镜项目，包括大型紫外 / 光学 / 红外探测器（Large UV/Optical/IR, LUVOIR）和太阳系外宜居行星成像任务（Habitable Exoplanet Imaging Mission, HabEx）。HabEx 能够对类地行星直接成像，探测类地行星的光谱特征，调查邻近恒星并确定类地行星的数量，搜索可能预示存在生命的气体光谱特征，如水蒸气和氧气等。

2. 欧洲

ESA 宇宙憧憬计划部署了多个寻找太阳系外行星的探测项目。

系外行星特征卫星（CHaracterising ExOPlanets Satellite, CHEOPS），调查已知拥有行星的近距离恒星系统，测量行星的半径，并寻找漏网的行星。

柏拉图计划（PLAnetary Transits and Oscillations of stars, PLATO），计划于 2024 年发射该卫星，目的是探测恒星亮度的微弱变化，寻找众多明亮恒星的凌日行星。

3. 中国

为了人类寻找"地球兄弟"的前沿研究和共同期盼，我国也提出了系外行星探测计划。2011 年，中国科学院国家空间科学中心与华裔美籍科学家合作，提出系外类地行星的创新性探测（STEP）计划，探测太阳系附近的恒星及行星系统，并被遴选为中国科学院空间科学先导专项的背景项目。包括：系外行星黄道盘尘埃和系外类木 / 类地行星成像与光谱仪 (Jupiter/Earth-twin Exoplanets and Exo-zodiacal Dust Imager and Spectrometer, JEEEDIS) 和寻找宜居地球-新地球（Searching for livable Earth-New Earth）计划。

✈ 永无止境的系外类地行星探索

1977 年，美国发射了旅行者号（旅行者 1 号和旅行者 2 号）探测器。目前，旅行者 1 号已到达太阳系最外层边界，是距离地球最远的人造航天器。2006 年初发射的新地平线号探测器，将于 2029 年后离开太阳系，现在正在探测柯伊伯带。随着深空卫星和推进技术的成熟，未来将有越来越多的航天器到达或飞出太阳系边缘。以目前最快的卫星速度计算，到达最近的类地行星仍需要数十万年的时间。因此，以目前的技术水平，还不可能发射直接飞行至系外类地行星的卫星。

目前，我们最多能探测太阳系边缘的情况，但每当发现距离地球相对较近的类地行星时，都会提出同样的问题：是否离找到"第二地球"已为时不远？事实上，对系外类地行星的研究才刚刚开始，还需要做大量的搜寻和深入研究工作。虽然目前认知和技术手段还不能把人类送至太阳系外，人造航天器也不可能在几十年的时间里飞行很远，难以做到近距离探测系外类地行星，但我们深信太阳系外一定存在"第二地球"，寻找系外类地行星将是人类永无止境的探索话题之一。

人类对地外生命充满好奇，对"第二地球"充满憧憬，对地外生存满怀希望，这是人类的伟大梦想，也是未来拓展生存空间的必然趋势。尽管会受到科技、经济及政治等多种因素的影响，建设地外家园的道路漫长，但建立地外生存空间和寻找系外类地行星的追求和目标不会改变。随着多项战略计划的制定和提出，建立月球基地的计划已经呼之欲出；人类已经基本具备载人登陆火星的能力；发现了距离地球较近的多颗类地行星，并且数量还在不断增加。因此，在人类的不懈努力下，人类终将实现地球之外的长期生存，在月球和火星创建美好家园，与地球共同发展。

要想开拓宇宙空间，离不开先进的空间技术的支持。除了保障衣食住行这些基本的需求之外，人们还要不断突破关乎人类未来在太空和行星上能够更好生存的关键技术：空间的信息传递需要更先进的通信技术支持，宇宙飞行需要更精准的导航技术，人类的生产生活离不开空间机器人的帮助，3D打印能够帮助人们解决空间生产制造的问题……人类的太空探索活动才刚刚开展60余年，已取得了辉煌的成就，这些关于人类生存的关键技术虽然大多数仍未进入空间应用阶段，但以人类的智慧，在不久的将来很可能变为现实，以支持人类开展更丰富的宇宙探索活动。

Chapter 6

面向太空生存的关键技术试验

/ 空间通信技术将迎来革新

/ 脉冲星能否成为空间的 GPS

/ 人类太空的好帮手——空间机器人

/ 太空新工厂——空间 3D 打印技术

01
空间通信技术将迎来革新

▼

进入 21 世纪以来，随着航天器的设计越来越复杂，人类探索太空的需求越来越高，各种载荷和科学仪器的性能越来越强大，导致人类太空活动产生的大量信息无法及时传递，传统的无线电通信技术已不能满足当前太空探索的要求。这如同给太空探索活动带上了脚镣，航天器和载荷的性能受通信带宽的限制而得不到充分发挥，因此，更远距离、更大带宽，以及更高跟踪精度的通信技术急需取得突破，以便支持未来的空间探索活动。全世界都将激光通信技术作为未来空间通信技术的重点研究对象，在地面与空间，激光通信技术拥有无限的应用前景。

借助激光通信技术和量子相关技术的发展，量子的概念在近些年被大众熟知，量子通信以不可思议的发展速度进入了我们的生活。鉴于量子通信具有完美的通信保密性，因此，空间和地面的量子通信也成为各国科学家研究的热点。我国发射的墨子号量子实验卫星已验证并初步实现了星地的量子通信（量子密钥分发），在地面上建立了京沪干线量子通信网络，并开始在金融领域实施应用。量子通信技术能够大幅度提高信息传输的安全性、信息传输通道的容量和效率等，是未来信息技术发展的重要战略方向，并且极有可能引起诸多科学和技术领域的革命，对经济和社会的进步将产生难以估量的影响。

✈ 空间激光通信

光的产生原理是原子中的电子在吸收能量后，发生能级跃迁，从低能级跃升至高能级，再从高能级回落至低能级。在这个过程中，能量以光子的形式释放出来，所谓光线其实就是释放出的这一串光子。激光的产生原理与光的产生原理类似，其本质是原子被激发后，发射出来的光子序列。与普通电灯泡发射出的光相比，激光产生的光子束的方向是唯一的，聚集起来的激光束能量会很大，可以作为远距离信息传递的载体。

信息传递技术是人类社会发展和进步的标志，人类很早就意识到光作为信息载体比声音拥有更多的优势，如光的传播速度比声音快（光速为 30 万千米 / 秒，声速为 340 米 / 秒），传播距离比声音远。烽火台的使用是人类对"光信息"最实际和最朴素的应用，烽火台的火光充当了信息源，无数的烽火台组成了信息中转站。后来，人类又将"光信息"用于航海，如用灯光变化传递信息，利用灯塔给船只导航等。

进入 20 世纪后，第三次工业革命的到来为光的使用打开了一扇真正的大门。1960 年，激光器的发明为光通信提供了更理想的光源。1966 年，华裔科学家高锟首次提出了利用光纤进行信息传输的思想和理论（高锟因此获得 2009 年诺贝尔物理学奖），初步解决了光信息传递的通道问题。此后，激光器及各种光电子技术的发展，为光纤通信的实际应用铺平了道路。光纤具有信息传输量大、损耗低、质量轻、抗干扰能力强、功能性能可靠和成本低的特点。如今，光纤通信的应用十分成熟，在军用、商用与民用方面的应用非常广。在信息化时代，它成为不可或缺的一部分。

空间激光通信大致可以分为两类：第一类是空地之间的激光通信；第二类是星间的激光通信。随着飞机和卫星等航空航天飞行器的发展，如何将光通信运用至空地之间或星间，成为研究人员新的挑战。在空地之间，无法像在地面上一样拉一根非常长的光纤进行通信。航天器在轨道上不停地围着地球运转，拉一根很长的光纤，既不现实又十分滑稽，如果这样，航天器岂不是成了"风筝"？因此，这就需要激光技术来解决无光纤条件下的通信问题。与无线电通信技术相比，激光通信具有信息容量大、隐蔽性高（不容易被截获）和方向性高（不容易被干扰）的特点，已成为无线光通信技术发展的主要推动力量。随着光存储与处理、光学设计工艺，以及精密跟踪技术的发展，激光通信技术已初步在卫星与卫星、卫星与地面、卫星与飞机、飞机与飞机，以及飞机与地面之间展开了应用。

1. 激光通信的优势有哪些

空间激光通信技术是高速率与宽带信息传输的代表，最大的优势是通信频带宽、信息容量非常大且传输速率快。现在空间通信中广泛使用的微波通信（属于无线电通信，也称为射频通信）的频率范围几乎到达了极限，而且通信速度也基本达到了瓶颈，仅为百兆比特每秒（Mb/s）的量级；激光通信理论上可以达到非常高的传输速度，在地面上可以达到 10 吉比特每秒（Gb/s）量级的传输速度。在空间应用领域，Mb/s 级别的空间激光通信系统已逐渐开始商业化；Gb/s 量级的空间激光通信系统已研究成功，并正在进行测试运行；10Gb/s 的空间激光通信系统已开始攻关和研究，全世界都在进一步发掘激光通信的优势和潜力。

空间激光通信另一个重要的优势是抗干扰与抗截获能力强。在信息传递的过程中，没有什么是比安全更重要的了，如果信息安全得不到保障，信息传递也就失去了意义（下文讲到的量子通信彻底解决了这个问题）。激光通信系统仅仅会受到来自太阳辐射的影响（太阳辐射对微波通信的影响也十分明显），而不会受到人工电磁手段的干扰。因为激光波长远小于微波波段，像电影中出现的各种电磁脉冲（EMP）设备对激光通信是无法产生干扰的，具有较强的抗干扰能力。激光通信的特点与无线电通信不同，在激光通信中，光是信息的载体，具有方向性，因此，人们发明了光纤使光可以按照指定的方向传播。但在空间环境下，无法利用光纤进行点对点的通信，要实现点对点的通信，需要将信号发射光源产生的激光束对准信息接收单元。例如，在轨道上的卫星若想利用激光给地面的接收站传递信息，卫星上发射的激光束必须对准地面上的台站，否则地面就无法收到信息。这是利用了激光能够传播很远的距离而仅发生很小的扩散的特点。此外，通信激光采用的波长与其他激光光源不同，通常为不可见光，在信息传输时不容易被发现。

2. 激光通信还有很多障碍

科学家很早就意识到了激光在空间通信中的重要作用，但经过科学家长期的攻关，空间激光通信在应用方面的发展步伐稍显缓慢。除了激光器相关技术方面的原因以外，最大的障碍来自于人类赖以生存的大气层。地球表面这层薄薄的大气，为人类遮挡了来自太阳和宇宙的致命辐射，但同样也会对从空间到地面的激光产生严重的影响。激光在大气中传播必然会被各种气体分子、大气气溶胶及大气颗粒等吸收或散射，要是遇到雨、雪、雾、大气湍流及霾等天气现象，也会对激光通信产生比较严重的影响。这些因素对激光通信的影响远远超过了对无线电传播的影响，也导致了激光通信的发展并非一帆风顺。目前，大气对激光通信产生的衰减效应没有办法完全消除，只能在局部地区，以及特殊时间段内建立短时间的空地激光链路。

发展空间激光通信的另一个障碍是建立通信组网和广播通信比较困难。空间激光通信具有确定的方向性，激光光束即使传播很远的距离也不会严重发散。这种特点在点对点通信中具有优势，但要建立更大范围的通信网络，激光通信技术就显得力不从心了。同理，广播通信在激光通信里也不容易实现，需要建立很多的通信站才能实现。激光通信还是更适合开展点对点的通信，利用激光通信不受干扰和高顺数速率的特点，在重要的设施之间建立通信链路。虽然激光通信目前还存在一些暂未攻破的技术壁垒，但空间激光通信广泛的应用前景，让科学家无法停止研究的步伐。

3. 空间激光通信的应用前景

长久以来，由于受空地之间通信带宽的限制，卫星、载人飞船、行星探测车和空间站获取的大量信息无法及时传输至地面。有些信息不得不经过权衡之后被删除，有的不得不采取数据压缩的办法和缓冲模式进行数据传输，这从根本上制约了航天信息化水平的提高。NASA、ESA 与 JAXA 在 20 世纪就开始了空间激光通信系统的研发，试图突破空地之间信息传输的瓶颈。我国空地激光通信的研究起步相对较晚，但发展十分迅速。2016 年，我国发射升空的天宫二号空间实验室，在太空测试了星地之间的激光通信模块，实现了 1.6Gb/s 的传输速率。

在网络信息化的时代，航天技术突飞猛进，高速率且大容量的通信技术亟须应用，传统的无线电通信技术已越来越不能满足航天信息化的趋势，激光通信技术正是瞄准了这个发展机遇。空间激光通信技术在不久的将来，势必会大幅提高通信速率，通信模式也会更加丰富，将建立覆盖面更广的空间激光通信系统。空地之间的信息传递、卫星之间的信息传递，以及卫星与行星探测车之间的信息传递将大幅提高，航天测控技术也将进入新的发展历程。航天器可以安装更多的载荷和科学设备，开展更复杂和更细致的科学探索，人类也可以进入离地球更远的空间，进一步探索未知的深空世界。

✈ 量子通信

量子通信是近些年来热度非常高的名词，在科学界和社会上掀起了研究和讨论的热潮。在了解量子通信前，首先要明确量子世界的基本概念。量子并不是一个实体粒子，它指一个物理量如果存在最小的不可分割的基本单位，那么这个物理量是量子化的，并把最小单位称为量子。量子是能表现出某物质或物理量特性的最小单元，如电子和光子。量子的世界是由量子物理学（也可称为量子力学）描述的，这是一套微观世界粒子的物理法则，是一套完全不同于我们所熟知的经典世界的理论。

在量子的世界中，粒子的运动规律不再是确定的。例如，某一时刻粒子的速度、粒子的轨道和位置等不能通过一个确定的状态来表示，一切都是通过概率来描述的，这与经典世界中确定的状态完全不同。量子世界的运动规律通过薛定谔方程来表示，它描述了微观粒子的状态随时间变化的规律，粒子状态由概率幅表示。量子力学发展到现在已有上百年的时间，直到现在，人们仍无法完全理解为什么量子世界是一个概率的世界。

1. 神秘的量子通信

量子具有不可分割、不能复制和不确定性等特性。现阶段量子通信包含两层含义：第一层含义是量子密钥分发（Quantum Key Distribution，QKD），第二层含义是量子隐形传态（Quantum Teleportation），两者的信息传递方式完全不同。

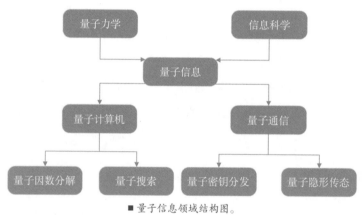

■ 量子信息领域结构图。

量子密钥分发是利用量子的不可复制性，对传统信息进行加密的手段。从本质上说，量子密钥分发依托于经典信道（光纤），并没有颠覆我们熟知的通信方式。随着计算机能力的不断提升，目前通信技术中大规模采用的RSA 公钥加密算法已受到越来越多的挑战。RSA 公钥加密算法基于大数因子分解，密钥的安全性一方面依赖密钥的长度（大数的位数），另一方面依赖计算机的能力。从理论上说，RSA 公钥加密算法在计算机能力无限提升的条件下是可以被攻破的，在量子计算机的能力下，RSA 公钥加密算法会变得毫无用处。在如今信息化的时代，当信息加密手段被攻破时，黑客将为所欲为，整个人类社会将会陷入瘫痪。因此，信息传递急需一种绝对安全或无条件安全的加密手段，来保证信息安全。量子密钥分发的加密方式可以从根本上解决信息传输的加密问题，并可以进行实时监控，以防止信息被窃听。理论和实践均已证明，量子密钥分发使信息传输达到了绝对安全的级别，永远不可能被攻破。

在量子的世界中，信息是由量子比特（Quantum Bit，简称"Qubit"）来存储的。量子比特可以假定为"0"或"1"两个状态，薛定谔方程的线性允许这两个状态在同一时刻是叠加的，这种状态在量子力学中是允许的，不同于二进制数字中确定的"0"和"1"。量子比特作为信息单元，必须要有载体，否则信息传递无从谈起。在一般情况下，光子、电子、原子和原子核都可以成为量子信息的载体。光子是以光速"飞行"的，更合适作为信息传递的载体；电子、原子和原子核适合作为量子信息存储的载体。以单光子为例，光子具有不同的偏振态，一个量子比特可以是不同偏振态光子的叠加态，这样光子作为信息载体，使量子通信成为可能。

1984年，IBM公司的研究员Bennett和蒙特利尔大学的学者Brassard共同提出了BB84协议，这是首次正式提出的关于量子密码分配的基本原则。BB84协议以单光子为量子信息载体，信息通过单光子的偏振态来表示，单光子有线偏光和圆偏光等多种偏振态。在传递信息之前，双方可以约定哪种偏振态代表"0"和"1"。单光子作为信息源传递的时候，信息发送方是知晓单光子偏振状态的，而接收方不清楚单光子的偏振状态。当发送方发送一个序列光子作为信息传递时，接收方随机选取测量方式对光子的偏振态进行测量。若选取正确，则接收方收到的光子偏振信息与发送方相同；若选取不正确，则接收方收到的偏振信息与发送方不相同。发送方和接收方通过逐一核对的方式，保留偏振态相同的光子，去除偏振态不一样的光子，此时发送方和接收方就拥有相同的光子传递序列。通过将此序列信号转化为"0"和"1"的数字信息时，密码对就生成了，并且这个密码对是不可能被破解的。

当利用经典的光纤和无线电发送信息时，窃听者完全可以截获信息，复制信息，再发送出去，而原本的信息接收者完全不知晓获取的信息是否已被窃取或破译。量子密钥分发则完全不受信息可能被窃听的影响。第一，量子具有不可克隆和不可分割的性质，因此，与传统信息被截获的结局不同，窃听者无法拦截光子，也无法克隆或复制截获的光子，既不能保留一部分发送出去一部分，也无法将光子一分为二，保留一半发送一半，任何窃听手段都会影响信息接收方接收光子，信息接收方能够据此立即判断出通信是否遭到窃听。第二，在实际的量子密钥分发过程中，若有人中途利用窃听手段去检测光子的偏振信息，由于窃听者也随机采用偏振测量方式，因此，有的光子的偏振态不会受到干扰，而有的光子的偏振态则会受到干扰。虽然说在单光子的传递条件下，当窃听者选择的检测方法和发送光子的偏振态相同时，接收者不会察觉出有人窃听，但在实际的信息传递中，密钥是由很多光子组成的序列，光子基数变大时，若窃听者还是采用随机监测的方式，就会干扰很多光子的偏振态，接收者收到光子信息后与发送者核对时，就会发现双方偏振态不相同的光子数会大大超过原本设定的阈值。这时就可以判定信息传输的过程中有人窃听，密钥分发过程就会停止。

2. 量子通信能超光速传播吗

在量子通信中，另一个研究热点是量子隐形传态。量子隐形传态是利用量子纠缠的概念来实现的。量子纠缠是由著名的物理学家薛定谔首先提出的，但是薛定谔没能说清楚量子纠缠到底是什么，人们只是知道量子纠缠是量子之间一种非常重要的关联状态，是一种非局域性的关联状态。也就是说，一对互相纠缠的量子之间的纠缠关系是不受时空和距离限制的。例如，一对互相纠缠的量子，保持纠缠态，一个放在地球，另一个放在火星，当改变或测量其中的一个量子时，另一个量子态就会改变或确定。这个过程由于传送的不是量子，而是量子状态，这个所谓的"传送"速度比光速还要快。为什么能够传送这样的状态，这样的关系是如何保持的？谁也说不清楚，只能通过非局域性的关联状态来描述。由于量子纠缠的这一性质，违背了爱因斯坦相对论中"信息传播不能超过光速"的定义，因此，招来以爱因斯坦为首的众多科学家的非议，这个效应被爱因斯坦称为"幽灵般的超距作用"。

爱因斯坦一生对量子理论耿耿于怀，他始终不能接受量子世界的概率性。他认为薛定谔和玻尔的量子理论并不完善，并坚持认为上帝创造世界绝对不是"掷骰子"，认为量子纠缠的这种关联状态是不存在的，量子是局域性的。爱因斯坦的理论也称为定域实体理论。1935 年，爱因斯坦、P. 波多尔斯基和 R. 罗森共同发表了一篇论文，专门反驳量子纠缠态理论的支持者玻尔，即著名的 EPR 悖论（Einstein-Podolsky-Rosen paradox）。在爱因斯坦理论和玻尔理论争论了 30 年后，爱尔兰物理学家约翰·贝尔提出了著名的贝尔不等式，用来判断量子不确定性和爱因斯坦的定域实体理论是否正确。后来，科学家通过多种实验证明了贝尔不等式并不成立，并宣告爱因斯坦的理论不成立。在这场量子力学的顶尖对决中，爱因斯坦虽然没有预言成功，但爱因斯坦的 EPR 悖论却为纠缠在信息传递方面的应用打开了一扇新的大门。

在经典世界和量子世界中，信息的传递必须要有载体，经典世界有电磁波和光等介质传播信息，而量子世界有光子、原子和原子核等量子载体。看起来，利用量子纠缠性质的量子隐形传态似乎不需要任何介质，就能达到某种"信息"传递的目的。虽然这种关联的状态看似能够传递"信息"，但根据量子理论的不确定性原理，人们无法从量子纠缠的这种状态中直接测量或提取有意义的"信息"，也不能通过量子纠缠状态发送我们想要传递的信息。因此，利用量子纠缠达到超光速通信的愿景是无法实现的，爱因斯坦在相对论中预言"信息传播不能超过光速"也是成立的。

为了能够将这种纠缠态用于信息传递，科学家把信息传递分为量子信息和经典信息两部分。也就是说，要想利用量子纠缠来实现信息传递，必须建立经典的信息传递通道。经典信息传递的是对量子态测量之后的信息，只能获取部分的信息，量子通道发送的信息没有测量，因此，是未知的全部信息，接收者在获取了经典信息和量子信息之后，就可以实现量子态的精确复制，从而达到获取信息的目的。目前，量子纠缠理论已在通信领域开展了实验，相信在不久的将来能够实现量子纠缠信息传递的应用。

3. 我国是量子通信领域的领军者

在量子通信应用领域，我国已走在了世界的前列。来自中国科学技术大学的潘建伟院士团队取得的量子研究的成就，将引领世界量子通信的发展。

在地面，利用量子密钥分发和光纤通道进行城市之间的量子局域通信方案已初步成熟。2017年9月，世界首条量子保密通信网络京沪干线正式开通，干线连接了北京、济南、合肥和上海。京沪干线长约2000千米，密钥传输速率大于20千比特每秒（kb/s），能够实现高速量子密钥分发、高效单光子探测、可信任中继传输和大规模量子网络监控等。以往国际上建立的量子密钥分发网络通信距离，通常只有200～300千米，这是由于单光子在光纤中和空气里会被吸收和散射，无法传输更远的距离。而在京沪干线中，创新性的建设了可信任中继站，每两个中继站之间相隔62.5千米。中继站能够将光子信息接收、放大且再发送，密钥也能够接力生成并传递，解决了光子在光纤中的衰减问题，实现了超长距离的量子密钥分发。目前，京沪干线已在银行和金融业等领域开展了实际应用。北京、济南、合肥与上海的金融机构能够以量子密钥分发的方式，对信息进行加密输送，保证金融信息的安全。未来会有越来越多的用户接入到京沪干线中。

我国国土面积大，要想建立覆盖全国的量子通信网络十分困难，光纤和中继站的建设规模、成本及复杂度远超想象。为此，在空间中，利用卫星来实现覆盖全国的量子通信网络，成为新的研究热点。我国自主研发的墨子号量子科学实验卫星，已于2016年8月成功发射，是世界首个能够进行空地间量子密钥分发和量子通信中继的科学卫星。我国在新疆南山、青海德令哈、河北兴隆与云南丽江建立了4个量子通信地面站，在西藏阿里地区建立了量子隐形传态实验站，用来与墨子号量子科学实验卫星进行量子通信。

2017年，墨子号量子科学实验卫星在相距1200千米的云南丽江站和青海德令哈站之间，首次实现了发送纠缠光子对。同时，墨子号量子科学实验卫星还向新疆南山与河北兴隆地面站发送了量子密钥，在北京和乌鲁木齐之间实现了量子密钥分发的过程；西藏阿里量子隐形传态实验站利用墨子号量子科学实验卫星飞越头顶的机会，向墨子号发射纠缠光子，实现了地面到空间的纠缠光子发送。2017年9月京沪干线与墨子号量子科学实验卫星建立了天地链路，实现了洲际量子保密通信。这意味着天地一体化的量子通信网络已初步建成，为未来实现覆盖全球的量子保密通信网络迈出了坚实的一步。

02
脉冲星能否成为空间的 GPS

▼

当航天器脱离地球引力，翱翔于茫茫宇宙时，如何获取航天器精准的位置，一直是导航系统需要解决的问题。在地面上，可以用雷达测距法和光学跟踪法定位航天器。雷达测距法是指雷达台站通过发射导航信号给航天器，航天器接收信号的同时也将信号发回地面雷达站，通过发射信息和返回信息的多普勒频移，获取航天器的速度和相对位置。光学跟踪法则是利用可见光反射的原理，通过地面台站接收航天器反射可见光来确定航天器的方位。在距离地球不远的近地空间范围内，除了地面导航之外，还可以利用 GPS 实现导航。如果航天器进一步远离地月空间，普遍使用的地面导航方式和 GPS 导航就显得力不从心了。随着航天器距离地球越来越远，这些传统地面导航系统对航天器位置的定位也就越来越不准确。

1977 年 9 月发射的旅行者 1 号探测器，携带了关于脉冲星导航的信息。经过 40 多年的飞行，旅行者 1 号已处于太阳系的边缘，它携带着一张非常著名的"金唱片"。金唱片上除了留有关于人类的信息之外，在左下角还有一个关于太阳系位置的信息。位置信息通过 15 条线来表示，最长的那条线是太阳到银河系中心的距离，其余线条代表了 14 颗脉冲星的频率和位置，用来确定太阳系在银河系的位置。这几乎是人类最早对脉冲星导航理念的表现。

人类的空间活动已不满足在地球–月球和地球–火星的范围内开展，未来

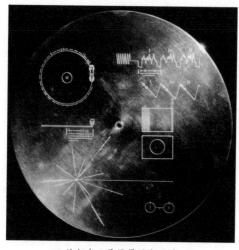

■ 旅行者 1 号携带的金唱片。

向更远的空间疆域拓展是人类探索未知世界的必然归宿，因此，开发一种能够用于深空探索活动的导航新技术是十分必要的。为了解决这一系列问题，人们发现可以利用脉冲星稳定的信号开展深空导航服务，X 射线脉冲星导航从理论走向了现实。如今，科学家正在不断突破和解决脉冲星导航中的关键理论和技术问题，人类利用脉冲星导航开展探索活动，将在不远的未来实现。

✈ 什么是脉冲星

当恒星生命周期快结束时，恒星上的氢燃烧殆尽，恒星的温度会逐渐下降并冷却。此时恒星内部会失去热辐射压力的支撑，导致恒星不能平衡自身的引力，外围物质受重力牵引，会急速向核心坠落发生坍缩。引力坍缩会造成恒星半径逐渐减小，产生超新星爆炸。当恒星质量超过太阳质量的 8 倍时，超新星爆炸后，恒星会变为中子星，甚至黑洞。中子星的密度非常大，其中物质的存在形式与恒星完全不同，电子被压缩到原子核中，与质子中和为中子，整个中子星就是由这样的原子核紧挨在一起形成的。中子星的密度超过了每立方厘米 10^{14} 克，也就是说，1 立方厘米的中子星物质就相当于地球上数十亿吨的质量；逃逸速度更是达到光速的一半。由于引力坍缩，中子星的半径变得非常小，为 10～20 千米；中子星保留了母恒星绝大部分的角动量，但半径却比母恒星小得多，它的转速会迅速增加，产生非常高的自转速率来保证角动量的守恒，如同花样滑冰运动员在原地加速旋转时缩紧自己的手臂一样。我们知道，地球的转速为一圈 24 小时，而中子星的转速极夸张，最快转速甚至可以达到千转 / 秒。

由于中子星具有高速自旋的特性，会产生非常强大的磁场，中子星每旋转一圈，其磁场就会在空间环境中扫一圈，这种周期性的特性如同脉搏跳动一样。绝大多数的中子星是脉冲星，但并不是所有的中子星都是脉冲星，有脉冲的中子星才是脉冲星。脉冲星的磁场扫过探测设备时，带电粒子顺着磁力线加速运动，产生电磁辐射，探测设备就能接收到一个脉冲信号，脉冲周期就是脉冲星的旋转周期，脉冲星的这种特性也被称为"灯塔效应"。脉冲星信号可以通过射电（无线电）、可见光、X 射线及 γ 射线等电磁波段发射。射电波段需要用直径非常大的天线监测信号，对于航天器来说，安装大口径的天线无疑是不现实的，而且射电频段的信号强度也不适用于导航；可见光和 γ 射线脉冲星目前发现的数量非常少，大概仅有数颗。因此，利用 X 射线开展导航服务是比较合适的：一方面，X 射线探测器体积比较小，容易安装在航天器上；另一方面，X 射线在空间环境中的分布十分广泛。

目前，人们发现和编目的脉冲星达到 2000 多颗，其中约有 140 颗脉冲星具有良好的 X 射线周期辐射特性，可以作为导航候选星。X 射线脉冲星具有良好的周期稳定性、信号强度大和旋转速率可以预测的特点，适用于导航任务。虽然脉冲星的脉冲信号强度会随着空间位置和时间的变化而变化，脉冲星的信号频率也并不相同（如帆船座的脉冲星信号频率为 10^{-6} 秒，巨蟹座的脉冲星信号频率为 10^{-8} 秒），但其平均信号特性十分稳定。科学家已验证了脉冲星的同步稳定性比人工时间基准还要好，这种强烈而稳定的信号为人们在空间中利用脉冲星开展导航服务，提供了绝佳的天然条件。

✈ 脉冲信号如何导航

在空间中，航天器导航主要要获取两方面的信息：一个是时间信息，包括时间标准（现在几点）和时长标准（一秒有多长）；另一个是位置信息，包括航天器的位置、速度和姿态。时间信息的获取办法有很多种，冷原子钟和脉冲星都能提供非常稳定和精确的时间频率基准，但航天器位置的信息获取则比较复杂。

X射线脉冲星导航定位实现的原理是怎样的呢？

在航天器上安装X射线探测器，准确接收和测定脉冲星辐射出的X射线单光子信号，精确记录信号到达的时间信息。通过一系列算法建立X射线到达航天器的时间（time of arrival，TOA），并且要利用修正方法对脉冲信号到达的时间进行延迟校正，提高精确度。为了时间和位置参照标准能够统一，一般将太阳作为参考基准。将X射线脉冲信号到达航天器的时间转换为到达太阳系质心的时间，再与理论上预报的脉冲信号到达太阳质心的时间进行比较，时间上的差距能够反映航天器在太阳系质心惯性坐标系中预估位置与真实位置的误差值。通过连续观测多个脉冲星的X射线信号，结合航天器的轨道运行参数，便可得到航天器连续的三维的位置误差信息，再利用滤波的方法，最终得到航天器的连续定位信息。

多普勒效应是航天器获取速度信息的关键。航天器在宇宙飞行过程中接收到的信号频率，与固定位置接收到的信号频率是不相同的。脉冲星发射的脉冲信号是周期性的，不会变化，但是航天器在靠近或远离脉冲星时，受到多普勒效应的影响，接收到的信号频率与发射频率不相同。将两个信号频率进行对比，即可得到多普勒频移，据此就能够得到航天器相对于脉冲星的径向速度，利用多颗脉冲星的组合观测值就能确定航天器的三维速度。

航天器姿态的确定则是通过姿态传感器信息和脉冲星信号方向转化得到的。在惯性坐标系中，航天器在获取脉冲星信号的时候，脉冲星的视线方向就已知道了，就可以得到一个确定方向的参考。只需将传感器坐标系转化到惯性坐标系下，即可得到航天器的飞行姿态。

✈ X 射线脉冲星导航的优势

X 射线脉冲星导航最大的优势是：在深空之中不用借助地面设备就能实现自主导航功能。目前，深空中的导航还依赖地面上建立的深空网。例如，NASA 在 20 世纪 50 年代末建立了美国深空探测网（DSN），在加利福尼亚的戈尔德斯顿、澳大利亚的堪培拉和西班牙的马德里 3 个地方建立了地面台站。3 个台站沿经度以 120° 为间隔分布，这种分布格局保证了深空的导航和通信不受地球自转的影响。过去 50 多年里，深空探测网为人类探索太阳系做出了卓越的贡献，先驱者号探测器、水手号探测器、旅行者号探测器、伽利略号木星探测器、卡西尼-惠更斯号土星探测器、勇气号和机遇号火星车都离不开深空探测网的导航服务。随着人类航天器向着更远的太空飞行，地面深空网需要大直径的天线系统来支持深空的导航，但是大直径天线已不能有效满足人类未来的空间任务需求，其维护和运行费用也过于昂贵。

X 射线脉冲星导航具有非常大的优势，能够为航天器提供十维导航信息，包括三维位置、三维速度、三维姿态和一维时间。相比之下，卫星导航只能提供位置、速度和时间信息，惯性导航系统仅能提供姿态信息，传统天文导航系统只能提供姿态和位置信息。

脉冲星导航不仅适用于整个太阳系，只要选择合适的参考基准，且脉冲星的 X 射线信号能够被探测器接收到，在整个宇宙空间都有可能提供导航服务。各种类型的航天器可以根据任务需求，选择不同的导航参考点，进一步丰富脉冲星导航的适用范围。

虽然科学家目前在实验当中还未取得非常高的导航精度，但理论上脉冲星导航的定轨精度能够达到 10 米，远远超过地基深空网和天文导航的探测精度。脉冲星作为一种天然的"灯塔"，能够提供导航所需的一切信息，而且不依赖地面测控站的辅助，就能够真正实现航天器在太空中的自主导航。

03
人类太空的好帮手——空间机器人

▼

空间机器人是一种在轨道、航天器或行星表面工作，具有一定智能的通用机械系统。空间机器人拥有机械臂和电脑，能实现感知、行为和决策等功能。空间环境具有微重力、高真空、超大温差、强辐射，以及照明条件差等恶劣条件，在这种环境中工作的空间机器人，从设计到制作都要更严格和复杂。

按照任务位置来分，空间机器人可分为轨道空间机器人、行星探测机器人和深空探测机器人；根据功能和形式来分，空间机器人可分为自由飞行空间机器人、机器人卫星、空间实验仿人型机器人和行星探测机器人（月球和火星等）；根据控制方式来分，空间机器人可分为主从式遥控机械臂、遥控机器人和自主型机器人。

自人类开展太空活动以来，已进行了很多空间机器人的实验和应用。在行星探测方面，美国、苏联（或俄罗斯）和部分欧洲国家分别研制了月球车和火星车，其中，以美国的火星探测车为代表，功能强大且自动化程度非常高。虽然空间机械臂的运用比行星探测车发展得晚，但是其强大的功能及与空间站的适配性，使得机械臂的发展和应用后来居上，其中，以加拿大的机械臂为代表，在航天飞机时代和国际空间站时代发挥了巨大的作用。目前，仿人型的自主机器人再一次引领了空间机器人的研究热潮。能够与航天员协同工作，甚至替代航天员工作的仿人型机器人，已在国际空间站开始部署实验。

在航天器舱外，空间机器人可以帮助人类开展维修和建造等机械活动；在航天器舱内，空间机器人可以帮助人类操作实验、驾驶飞船，并代替人类航天员出舱；在行星表面，空间机器人可以帮助人类开展探索、搬运和采矿等工作。未来，人类所有的空间探索活动都将离不开空间机器人的帮助，在自动化和人工智能飞速发展的时代，更智能且功能更强大的空间机器人势必会发挥更大的作用。

✖ 空间机械臂——"大力水手"

空间机械臂没有人形机器人的构造，但它具备自主视觉能力，能为精确操作提供识别，可由航天员进行直接操控或遥控操作，是集机械、视觉、动力、电子和控制等学科为一体的高端航天装备。空间机械臂的应用和发展，与航天飞机和空间站的任务不断深入发展密不可分。随着人类太空活动日益增多，空间活动规模不断扩大，航天器在轨道上需要开展的业务也越来越复杂，仅依靠航天员太空行走，很多问题都无法解决。空间机械臂可以完成交会对接辅助工作，设备搬运，在轨建设、维修、摄像，以及对卫星等空间目标进行捕获和释放等，还可以辅助航天员出舱作业。空间机械臂展现出了强大的应用能力和广阔的应用前景。

空间机械臂通常可分为舱内和舱外两大类。舱内的设计一般较简单，这里重点讲解舱外的机械臂。舱外机械臂又可分为安装在航天器上和安装在行星探测车（如月球车等）上的机械臂。安装在航天器上的机械臂臂长从几米至十几米不等；针对不同任务的需求，自由度为5～10个；具体可以部署在航天飞机、空间站及载人飞船等航天器上。行星探测车上的机械臂臂长和体积都比较小，它可以完成岩土样品的抓取和辅助探测等工作。美国的好奇号火星车和我国的玉兔号月球车上都安装了机械臂。美国的勇气号火星车甚至在机械臂前端安装了一个小型钻头，这样可以直接在行星表面获取岩土样品。

1. 航天飞机机械臂

加拿大在空间机械臂的研发方面，具有雄厚的实力和丰富的经验。1969年，加拿大参加航天飞机机械臂的制造计划，开发出航天飞机远程机械臂（Shuttle Remote Manipulator System, SRMS），一般称其为"加拿大1臂"，以下简称"Canadarm"，这是人类历史上第一套安装在航天飞机上的机械臂。Canadarm 长约15米，具有6个自由度，肘部和腕部安装了相机，重约410千克。最初 Canadarm 只能移动和回收332.5千克的有效载荷。随着航天飞机加入空间站建设的计划中，Canadarm 的有效载荷能力增加到了3293千克。

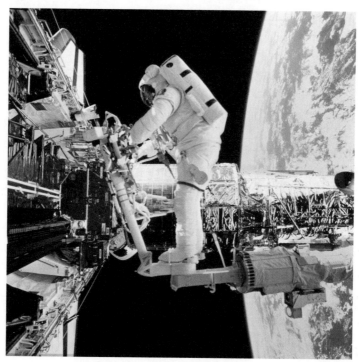

■航天员固定在机械臂上维修哈勃空间望远镜。

Canadarm 的功能十分强大，主要包括部署、回收和转移功能。它能帮助航天员完成舱外作业、卫星维修和国际空间站建造等任务。例如，Canadarm 可将航天飞机货舱内的卫星或国际空间站的载荷，像吊车一样先抓取，再释放；这个过程同样可以反向进行，将需要维修或回收的卫星通过机械臂先抓取，再回收进货舱。机械臂在这个过程中发挥的作用不言而喻。除了参与空间站的建设之外，Canadarm 最知名的任务就是参加美国哈勃空间望远镜的维修任务。我们知道，两个航天器很难长时间保持短距离的靠近状态，Canadarm 却很好地解决了这个问题。当航天飞机靠近哈勃空间望远镜时，全长 15 米的机械臂伸展开来，像消防车的云梯一样将航天员送出舱外，实现零距离地接触哈勃空间望远镜。一方面，机械臂能够抓取哈勃空间望远镜，将两个航天器的相对位置固定；另一方面，航天员能够安全地固定在机械臂上，而不用担心在空间失重的环境下飘浮，极大地提高了维修的效率。2011 年，随着航天飞机的退役，Canadarm 也随之退出了历史舞台，但是它在航天史上留下的精彩瞬间，足以使人类意识到机械臂丰富的应用前景，促使人类继续研究新一代功能更强大的空间机械臂。

2. 国际空间站机械臂

目前，国际上已有多个安装或计划安装在空间站上的机械臂，包括加拿大的 SSRMS、日本的 JEMRMS、欧洲的 ERA，以及我国未来安装在自己空间站上的机械臂。下表是这些空间机械臂的基本参数对比，其中最大、最复杂且最有名的是由加拿大 MDA 公司生产制造的空间站遥控操纵系统（SSRMS），俗称其为"加拿大 2 臂"，以下简称"Canadarm 2"。Canadarm 2 可以说是 Canadarm 的改进版本。2002 年 6 月，Canadarm 2 装载在奋进号航天飞机货舱里进入太空，通过 Canadarm 和航天员太空行走安装在国际空间站上。Canadarm 2 长 17.6 米，重 1800 千克，最大承载量为 116 吨，拥有 7 个自由度，目前是世界上最长、最重且承载量最大的空间机械臂。

安装在国际空间站上的机械臂，主要参与国际空间站建设和辅助交会对接两项任务。在很多情况下，建设国际空间站和辅助交会对接可以统一为一个过程。国际空间站共有 13 个舱段，组建过程是将一个个的舱段像积木一样在轨拼接组装。在这个过程中，机械臂发挥了非常重要的作用，如 Canadarm 2 这种能够承载百余吨的能力，就是专门为此而设计的。Canadarm 2 不

国际空间机械臂参数对比表

技术参数	SSRMS（加拿大）	JEMRMS（日本）	ERA（欧洲）	中国空间站机械臂
臂长（米）	17.6	9.9	11.3	10.2
质量（千克）	1800	757	619	738
承载能力（千克）	116000	7000	8000	25000
自由度（个）	7	6	7	7
工作模式	手动/自动/单关节	手动/自动/单关节	自动/单关节	手动/自动/单关节
位置精度（毫米）	45	50	40	45
最大线速度（米/秒）	0.012～0.36	0.02～0.06	0.01～0.2	0.05～0.6
最大角速度（度/秒）	0.04～4	0.5～2.5	0.15～3	0.4～4

■ Canadarm 2 抓取国际空间站日本希望号舱段。

仅能够抓取载人飞船，而且能够抓取国际空间站舱段组件，任何与国际空间站对接的航天器都可以通过 Canadarm 2 进行辅助对接。这个场景有点像大型工地中塔吊的工作情景，Canadarm 2 扮演了塔吊的角色。它抓取体积、质量较大的部件，然后放入合适的部位。

利用机械臂进行辅助对接有很多好处：一方面，节省了航天器对接时调整位置所需要的燃料，如国际空间站与载人飞船或货运飞船对接时，可利用机械臂节省飞船的燃料；另一方面，两个航天器对接的最后十米，甚至几米的过程是十分危险的，利用机械臂辅助对接，保障了对接的安全性。因为在对接过程中，飞船很可能因为位置调整不正确造成碰撞或多次对接不成功。利用机械臂捕获目标后，可以缓慢地向对接口移动，保持对接过程中两个航天器之间的相对稳定，提高对接的效率。

3. 未来机械臂的应用前景

空间机械臂拥有无穷的应用价值，人类在空间的所有活动都离不开机械臂的帮助。现阶段，无论是在航天飞机还是空间站上，它都很好地展示了在轨道上的服务能力，向人们展现了强大的转移、回收、维修和辅助对接等功能，但这些仅仅是在轨道上的应用价值。随着人类在空间开拓更远的活动疆域，机械臂无穷的应用潜力也会随之展现出来。人类的行星探索和太空移民，都离不开机械臂的帮助。无论是在月球建立月球村，还是建立大规模的火星生活基地，机械臂可以在工程方面帮助人类开展基建和维护任务，最大限度地减轻人类的负担，提高工程效率。在地外行星生活时，机械臂可以用于资源开采和发掘，代替人类的双手和手持工具，减少人类在外部环境暴露的时间。机械臂还可以用于小行星采矿，航天器在理想条件下，无论是在小行星上着陆，还是与小行星保持伴飞状态，都可利用机械臂直接进行采样。机械臂的末端可以安置多种机械结构，以便获取小行星上的样品，帮助人类进一步开发太空资源，为未来人类太空生存助一臂之力。

✖ 机器人航天员时代已开启

随着进入太空的航天器越来越大，系统越来越复杂，具备的功能越来越强大，航天器和航天员需要承担的空间任务也更加多样化。自从空间站进入太空后，赋予航天员的空间任务不仅仅是操作航天器、充当空间站载人飞船的"司机"。在空间站舱内，航天员不仅需要执行舱内常规操作，维护空间站的正常运行，保持与地面基地的联系，他们还需要操作一些空间生命科学与空间材料科学等学科的微重力科学实验，以及新技术验证等方面的工作；

在空间站外，航天员要执行太空行走任务，维护空间站舱外搭载的各种设备，对空间站进行一些基础的维修。

在这种背景下，如果能在空间站中为航天员配备一个机器人助手，帮助航天员处理一些棘手和危险的工作，不仅给航天员解决了不少麻烦、保证了航天员的安全，而且能极大限度地提高航天员在空间站的工作效率。

1. 机器人航天员的诞生

20 世纪 90 年代中期，俄罗斯和平号空间站还在太空中绕着地球翱翔，国际空间站仍在计划着准备发射，美国就已经意识到如果在空间站部署一个自主型智能机器人，它一定能成为太空中航天员的绝佳帮手。NASA 敏锐地察觉到空间机器人在太空中广泛的应用前景，率先将空间机器人的概念变为现实。

NASA 的空间机器人项目叫"Robonaut"。随着 AI 技术的发展，Robonaut 项目的定位很快发生了调整——向智能仿人型机器人发展。整个项目的想法是设计制造一个仿人型的机器人，与之前所有的空间机器人不同，它拥有自如活动的双手，可以利用机械手帮助航天员完成相应的空间任务，能够代替航天员完成过于危险的任务。Robonaut 机器人可以使用人类航天员的工具，并能够和航天员在同样的环境中开展空间工作。在 Robonaut 概念的发展下，NASA 到目前为止共研发过两代空间自主型机器人：Robonaut 1（简称"R1"）和 Robonaut 2（简称"R2"）。其中，R1 更多是验证性的产品，只在陆地进行过测试，并未真正进入太空；R2 于 2011 年 2 月 24 日搭乘发现号航天飞机进入空间站，已开展初步的测试活动，能够完成一些简单的任务。

2. 初代机器人 R1

第一代空间机器人 R1，由 NASA 约翰逊航天中心的机器人系统技术部门和美国国防部高级研究计划局（DARPA）共同协作开发。项目设计的初衷是发展和验证自主仿人型机器人系统能否像航天员一样执行出舱任务，是否拥有超越传统在轨机器人的性能。

■R1 实物图。

　　R1 由 10 个子系统构成，分别为手、胳膊、躯干、头、视觉系统、软件系统、航电系统、远程监控系统、模拟系统，以及移动系统。仿人型机器人的核心是要有一双与人类相似的机械手，设计要求是要在尺寸和功能上最接近人类航天员的手。R1 的一只手掌上共有 14 个自由度（可以简单理解为关节个数），所有手指都直接安装在手掌上。R1 的躯干由保护性外壳覆盖和铝合金"骨骼"组成，躯干里安装了机器人的 CPU 和各种感应传感器。为了增加机器人的保护能力，机身上覆盖着布料表皮，用于容纳电线束，同时防止异物从机械接头处脱落。躯干部分还具有皮下层泡沫填充物，用于吸收冲击能量，同时允许接触力逐渐增加。R1 的头部由一种半透明琥珀色的树脂构成，眼睛则由两个可变焦和可变光圈的彩色摄像机组成。两台摄像机能够独立地工作，负责向机器人提供视觉信息并执行记录功能；摄像机的眼间距与人类的眼睛间距相似。

　　R1 的主要工作是验证这种仿人型自主机器人在空间的适用性。在地面进行的仿真测试，验证了 R1 能够使用国际空间站中的工具，完全具备协同人类航天员工作的能力。像 R1 这样的仿人型机器人非常适合在空间环境中使用，它们可以执行日常的维护工作，能够协助航天员执行太空行走的任务，提高完成太空行走的效率。

3. R2 正式服役

NASA 和通用汽车公司共同研发了第二代空间机器人 R2，与 R1 相比，R2 更先进且更灵巧。经过重大的技术改进后，实现了更加拟人化的机器人躯干，使其能够成为航天员更好的帮手。

■R2 实物图。

2010 年 2 月，R2 首次被揭开面纱。R2 更紧凑，更灵活，探测能力也更强。R2 拥有 350 多个传感器和 38 个 PowerPC 处理器，全身共有 42 个自由度，能够承担更复杂的空间任务。R2 拥有两只 7 个自由度的机械臂，手臂长度为 81.3 厘米，移动速度能够达到 2 米 / 秒，具有 18 千克的承重能力。R2 的一只机械手拥有 12 个自由度，其中拇指 4 个自由度，食指和中指各 3 个自由度，无名指和小指各 1 个自由度，每根指头的抓力约为 2.3 千克。

R2 的躯干部分由躯干系统和背包系统两部分组成。躯干系统里主要集成了 CPU 和各种处理模块，背包里是电源转化系统，能够给机器人提供电力和充电的接口。R2 的头部比 R1 的造型看起来更"亲切"，功能也要强大得多。R2 的眼睛部位设计成了"眼镜"的风格，里面安装了 4 个摄像头：

其中两个为机器人及其操作提供立体视觉信息，另外两个作为辅助摄像头备用。嘴部位置安装了一个红外摄像机，用于感应距离和深度。在头部的下方安装了具有 3 个自由度的颈部，可以帮助头部完成左看、右看、上看和下看的动作。R2 成功吸取了 R1 设计的经验和优势，减少了导体数量，将执行器和传感器等子系统集成在一起，成为一个可靠的和功能强大的仿人型机器人。

2011 年 2 月，R2 搭乘发现号航天飞机进入国际空间站，全世界都期待它能够帮助航天员开展常规的工作。它是真正进入太空，并实际运行的第一代机器人，具有里程碑的意义。R2 被安装在国际空间站命运号实验舱内。R2 有一个任务板，上面安排了从简单到复杂的一系列工作。目前正在进行一些简单的舱内实验，实验任务包括测量空间站内空气的质量和清洁扶手。这两项虽然是简单的任务，但平时需要航天员花费大量的时间去完成。R2 还将练习开、关舱内设备的按钮，实现自主型机器人功能的要求。

国际空间站的微重力条件，为机器人与航天员协同工作提供了十分理想的试验场所。如果在舱内 R2 能够顺利地完成任务板上的内容，NASA 就可以在空间站上为 R2 添加下半身的配件，并进行相应的软件升级。这个过程在太空中就可以完成，不需要返回地面进行处理。升级之后的 R2 能够实现在空间站内自由移动，并最终具备在空间站外部工作的能力。这将有助于航天行业和机器人行业了解未来太空自主型机器人强大的工作能力。

R2 下一代的发展方向很可能是执行太空探索的任务，包括探索小行星、彗星、火星卫星和火星等。空间机器人可以充当侦察员，提供先进的地图和土壤样本，并帮助航天员建立需要的基础设施，使航天员能够节省大量的时间和保障物资，为未来的勘探做更多的准备。R2 具备的功能要远远超过目前的火星车。在这种智能仿人型空间机器人的支持下，火星地面任务由一支较小的航天员团队就能安全地完成，工作效率可以大大地提高，人类在火星表面的探索活动将更加从容。

未来深空和行星探索将有一个更安全和更合理的实现过程：人类可以首先通过行星探测卫星或用天文望远镜观察一个新的目的地，然后发射诸如 R2 这样的智能行星探测机器人登陆表面。在完成环境的评估任务之后，人类探险家再登陆，整个探索过程的效率和安全性可以得到很大的提高和保障。人类和空间机器人一起探索太空，将比人类单独探索更加可靠和安全。

✈ 未来空间机器人发展的畅想

展望未来，自主型机器人系统是机器人研究的热点方向。不论是仿人型空间机器人、在轨自由飞行机器人、空间站机械臂、表面探测飞行机器人，还是行星探测车，都要具备人机协同与相互理解的能力，拥有基于融合视觉、触觉和力控制的操作能力，拥有自主学习的能力。

NASA 对机器人和自主系统技术的未来应用前景的总结是："将探索空间延伸到超过载人飞船限制之外的更深远的空间；降低载人飞行带来的巨大成本和风险；提高科研、探索和任务操作的效率；提高机器人的任务执行能力；将机器人和自动化变成生产力的倍增器（如每一个操作员可以控制多个机器人），同时增强机器人着陆和无人航天器的自动化程度和安全性。"

2014 年，克里斯托弗·诺兰在其执导的电影《星际穿越》中，设计了一个方方正正的空间智能机器人。它的造型突破了仿人类的造型，但功能却十分强大。在电影里，这种长方形的空间机器人拥有极高的智慧，有出色的移动能力，能够驾驶宇宙飞船，能够操控设备，能够营救人类航天员，还具有幽默与感情系统，能够帮助航天员在长期太空旅行中排解烦闷，能够在危机时刻给予人类最大的帮助。它能够非常忠实地服从人类的指令，最快速地给出分析结果，还能够理解人类的语言和语气。这样的机器人设计其实已超出了工具的范畴，成为人类真正的好帮手。

但无论空间机器人智能到何种程度，它都必须遵守阿西莫夫的"机器人三定律"：第一，机器人不得伤害人类，也不得见人受到伤害而袖手旁观；第二，机器人应服从人类的一切命令，但不得违反第一定律；第三，机器人应保护自身安全，但不得违反第一和第二定律。在遥远的未来，深空旅行和行星探索必将成为常态。在漫长的星际旅行中，人类如何更好地适应这个过程是一件非常不容易解决的问题，身心健康必将受到极大的挑战。《星际穿越》中机器人的设计特点摒弃了机器人作为空间工具的性质，将人工智能发挥到极致，或许 NASA 及各国研究空间机器人的专家可以从中受到启发，对未来空间机器人的研发有更清晰的认识，有助于人类更早实现深空探索和旅行。

04
太空新工厂——空间 3D 打印技术

3D 打印技术经过 20 余年的发展，已开辟了广泛的应用市场。它以数字技术材料打印机为基础，运用尼龙玻纤、石膏材料、铝材料、钛合金、不锈钢、镀银、镀金和橡胶类等可熔融和可黏合材料，通过逐层打印的方式构造物体，从而实现"打印"。也就是说，3D 打印技术突破了制造业中模具的限制，实现产品个性化与定制化生产，在成本、效率和产品质量方面优势突出，是制造技术的一次重大飞跃。从根本上说，3D 打印技术很大程度上能够解决从"无"到"有"的过程。该技术已在工业设计、建筑工程、汽车、航空航天、医疗产业、教育、枪械制造，甚至食品等领域有所应用。

在空间环境中应用 3D 打印技术被称为"空间增材制造技术"。根据需求，空间增材制造技术的应用环境可以分为空间舱内环境、在轨原位环境和星球基地环境 3 种环境。在空间环境中进行 3D 打印，不是简单地将地面上的 3D 打印机搬到空间站或星球上。空间的极端环境条件，如真空、微重力、强辐射，以及载荷的功率要求等，对 3D 打印的机器、工艺和材料提出了不一样的要求。如何利用空间环境资源，开发出适用于空间制造的 3D 打印工艺、装备与材料，是目前科学家攻关的要点。空间的真空和微重力条件为 3D 打印过程提供了优异的制造环境，可以避免地面制造过程中氧化与气孔夹杂等对零件性能的影响；在打印过程中，也可以尽量减少受重力影响而发生的形变。

随着航天技术的发展，人类对未知空间的向往使得深空探索、建设地外行星基地，乃至太空移民等未来空间活动加速发展。这些未来的空间活动，将很大程度依赖高效、可靠和低成本的空间 3D 打印技术，这些技术将给太空探索和商业化带来革命性的变化。

✗ 不依靠地面也能生产制造

在空间环境中，人们既无法得到地面的充足保障条件，也无法即刻往返地面和空间。因此，在急需零件物品的情况下，如果航天员能够在空间站或飞船上利用 3D 打印技术制造所需要的零件，那对于载人航天任务来说，是再好不过的解决办法。

1. 舱内 3D 打印技术

空间 3D 打印技术与地面上的原理基本一致。目前各国开展研究的方法主要有两种：一种为金属材料的打印，另一种为热塑性材料的打印。

金属材料的打印原理是采用电子束熔丝沉积，也称为电子束自由成形制造技术（EBF）。在真空环境中，高能量密度的电子束轰击金属，使其熔化，熔化的金属丝材料按照设计的要求，逐层凝固堆积，重新成型，制造出金属零件。电子束自由成形制造技术效率非常高，在空间环境下也能避免杂质的污染。但是该技术对能源的要求比较高，如果部署在空间站或飞船中，对整个航天器的电力要求提出了不小的挑战。

非金属的热塑性材料打印技术，称作熔融沉积（FDM）。该技术首先将丝状的热熔性材料加热熔化，通过一个微细喷嘴的喷头挤喷出来。热熔性材料的温度始终高于固化温度，而成型部分的温度稍低于固化温度，这样就能保证热熔性材料挤喷出喷嘴后，随即与前一层面熔结在一起，直至完成设计成品。熔融沉积过程就如同糕点师利用奶油挤花器制作奶油花样一样，该方法的原理和操作简单，维护成本低，系统运行安全。原材料在 3D 打印过程中无化学变化，制件的形变比较小，对电源功率的要求相对较低，可以打印出任意复杂程度的零件。不过，熔融沉积打印的成品会有明显的条纹，打印部件的强度也不会很高，而且较好的原材料价格昂贵。

如今，利用熔融沉积 3D 打印技术制造产品，在国际空间站已取得了成功。2014 年 11 月，世界上第一台由美国太空制造公司（Made In Space）生产制造的空间零重力 3D 打印机成功安装在国际空间站。这台打印机用于在太空进行 3D 打印试验，并研究 3D 打印技术作为未来太空制造平台应用的可靠性。它曾在国际空间站打印出棘轮套筒扳手等 20 多个物件，成功通过测试后返回地球。在这台 3D 打印机的基础上，美国太空制造公司开发了第二代成熟的商业空间 3D 打印机——AMF。2016 年 3 月，NASA 将第二台 3D 打印机送至国际空间站，它是人类送至太空的第一台商用 3D 打印机。AMF 仍然采用熔融沉积技术，可用的打印材料超过 30 种聚合物，最大能够打印 14 厘米 ×10 厘米 ×10 厘米的物件。

空间在轨 3D 打印制造是解决空间站维修的有效方法。国际空间站上 3D 打印技术的成功运用，极大地缩短了获取空间站零件或工具的补给时间，航天员能够在微重力环境下自制所需的实验和维修工具，以及零部件，提高了空间站实验和维修的灵活性，减少了空间站相关零件和工具的储备，降低了运营成本，对国际空间站实现自给自足、降低成本，以及提高任务执行的可靠性和安全性具有重要意义。

2. 舱外打印与在轨组装

目前，大型航天器在发射时，很多结构件为了能够顺利装入火箭头部的整流罩中，均采用可伸缩或可展开的设计。一般先在地面上建造完成，折叠放入运载火箭的保护罩内，入轨后展开。但是这些结构和尺寸受到火箭整流罩和载荷质量的限制，可能会限制航天器的性能。舱外 3D 打印技术就可以在太空打印那些质量不大，但尺寸非常大，又无法折叠或无法装进火箭发射整流罩中的部件，如天线、太阳能电池板、行星遮星板（用于遮挡恒星亮光，以便观察周围行星）、传感器桅杆和轨道侧支索等大型航天器舱外的部件。只不过，将舱外 3D 打印的大规模部件完整地组装起来，也是一件不容易的事情，因此，舱外打印技术常常与在轨组装技术结合在一起，形成一套完整的解决方案。

舱外 3D 打印技术能够简化航天器零件的结构设计，减少零件质量。舱外 3D 打印的物件不受舱内狭小空间的影响，打印的物件也不仅仅是一些小零件和维修工具。我们知道，太阳能电池板支架和展开机构如果在发射时受到了损坏，航天器进入轨道后便无法展开太阳能电池板，航天器因此可能会失去电力，从而无法工作；而且太阳能电池板的面积也会限制航天器的功率性能。如果能在轨道上打印太阳能电池板呢？这样不仅可以避免设计复杂的太阳能电池板支架和展开机构，还可以不受火箭整流罩大小的限制，制作面积更大的太阳能电池板。

在长时间的近地轨道运行和深空探测活动中，航天器的太阳能电池板往往会受到各种空间碎片或微流星的冲击，太阳风和各种宇宙辐射也会加速太阳能电池板材料的退化。舱外 3D 打印技术则为太阳能电池板的性能衰退提供了保障，一旦太阳能电池板性能下降或受损，即可迅速通过 3D 打印技术制作新的太阳能电池板，并对损坏的部位进行替换，极大地提高了航天器的自我修复能力。

■蜘蛛机器人在轨打印及组装技术。

NASA 和美国 Tethers Unlimited 公司共同提出一种名为蜘蛛机器人（Spider Fab）的制造技术概念。Spider Fab 技术与蜘蛛织网的过程有异曲同工之妙，可以作为未来舱外 3D 打印和在轨组装的解决方案。Spider Fab 技术的理念是采用增材制造技术和机器人装配技术，制造和集成航天器上那些不容易折叠和发射的部件。该概念的技术关键是多臂空间机器人，机器人携带 3D 打印设备和材料，打印技术采用熔融挤压成型的方法，利用热塑复合纤维束为原材料，加热熔融后再挤出成形。多臂机器人在轨道上边打印边组装，可以制造并装配无线电天线、太阳能电池阵或太阳能电池板等大型空间构件。这种机器人完成任务的效率要比空间机械臂或航天员出舱的效率高得多，而且大大节省了建造经费。

✈ 月壤如何变成砖块

自从人类 1969 年首次登上月球起，就一直向往在月球建立一个生活基地，这是人们对太空移民概念的初步探索。不论是月球还是火星，想要在上面长期居住，面临的最大挑战就是如何建立适宜人类生存的居住地。我们都知道，火箭发射的载荷质量非常珍贵，人们不能把砖头、钢筋和水泥等通过火箭发射的方法运往月球等地方——代价太大而且也不现实。因此，能否利用月球或火星本身的材料来修建居住地呢？

随着 3D 打印技术的成熟，科学家开始研究如何利用地外行星的土壤进行原位利用，在美国重返月球计划和欧洲月球村计划等项目的支持下，NASA 和 ESA 等多家机构，结合人类生存的理念，研究出了若干"月壤砖块"的制造和使用方法。

1. 月壤 3D 打印技术

在月球上，水资源十分宝贵，人们不可能像在地面上一样利用水进行调和，必须采用其他方法。NASA 利用模拟月壤，开发出无水水泥和混凝土挤出成形工艺。该技术利用硫黄作为黏合剂，与模拟月壤材料混合后，制备出一种硫黄水泥（又称为月壤水泥），硫黄水泥混合物被加热至硫黄熔点（140℃）之上后进行冷却，便成为无水的混凝土结构，瞬间即可达到最佳力学性能。NASA 与南加州大学合作开发了相应的混凝土挤出成形系统，实现混凝土结构的成形。但该方法也面临一些十分复杂的问题：一方面，硫黄混凝土对温度的要求比较高，在制备过程中要严格控制温度的变化，以防止表面熔化；另一方面，低压和极低温度对硫升华的影响如何？在很低的温度和极低的压力等极端条件下，硫的性能如何尚不清楚。如果将硫黄混凝土用作太空建筑材料，还要经过更细致的研究。

ESA材料研究部门研究出可利用太阳热量制备月壤砖块的技术，科学家模拟了在太阳能炉中烧制月球土壤的过程。该实验采用地球火山口附近的土壤为原料，按照真正月球土壤的组成和颗粒大小制作出一批月球土壤，在3D打印平台里，直径约0.1毫米的人造月球尘土颗粒要经过1000℃的烘烤，才能够在5个小时内打印出一个20厘米×10厘米×3厘米的月壤砖块。这种3D打印砖块的强度与石膏相当，但整体质量还不够稳定。打印完成后，砖块内部和外部的冷热速率不同，导致砖块的边缘容易发生变形。目前，在地面上的测试结果已有了突破性的成果，在空间微重力环境下，砖块的成型效果可能更好。这种方法不需要十分复杂的设备，只需将3D打印机和太阳能聚焦设备运送至月球表面，即可利用月球土壤持续生产制造砖块。

ESA还研发了一种利用无机黏合剂将月壤凝固在一起的3D打印技术。该技术利用基于D-shape技术的商业3D打印机，来实现月壤的3D打印。D-Shape打印机采用黏合剂喷射（逐层印刷）工艺，每次打印的单层厚度是5～10毫米，能够将散状的沙子、土壤等与黏合剂黏合在一起，一层一层地凝固，形成类似石头的物体，这个打印机的功能正好能够用于月壤打印。ESA把无机黏合剂溶液喷到沙粒状的人造月壤上，溶液和人造月壤颗粒一起反应凝固，形成了大理石般质地的坚固结构体。经过对打印机的改良之后，D-shape已能够打印出蜂窝状的构件。未来如果在月面上打印，还可以根据实际需要改变月壤砖块的形状。

2. 月壤砖块的使用方法

利用月球的土壤进行3D打印，应首先考虑建设月球基地时面临的环境和应使用的建筑工艺等因素。科学家考虑到利用月壤砖块并非是为了建造一个密闭的空间，而是建造一个具有隔热和防辐射功能的空间，因此，以现在的技术手段，月壤砖块的使用方法是：在密闭的空间外围利用月壤砖块修建隔离层，像防弹衣包裹着身体那样对密闭空间进行保护。科学家希望月壤砖块能够保护月球基地免受昼夜温差带来的影响，同时避免宇宙线和微流星的冲击破坏。

上文已经对 3D 打印的方法进行了初步的介绍，但如何在月球表面工程化地批量制造月壤砖块，仍需要科学家进行深入研究。目前，科学家设想了两种方法进行 3D 打印。第一种方法：采用两辆月球车配合的方法完成。一辆月球车装载较小型的 3D 打印机（能够打印宽度小于 1 米的材料就能满足要求），另一辆车装载月壤收集装置，负责给 3D 打印车输送月壤原料，两者合作完成建造任务。这种方法的好处是有较高的机动性能，利用较大的活动范围能够快速开展任务，减少可用月壤资源的限制，但是无法打印较大的构件。第二种方法：利用原位月壤进行打印。利用挖掘的方法采集月球土壤，原位打印暂时不考虑移动的问题，可以设计较大型的 3D 打印设备，打印一些比较大的构件，满足建设的不同需求。这种方法适合在基地建造初期，开展较大工程的时候采用。

月壤砖块的特性要满足质量轻、抗压和防风化的特性。在建设月球基地的外围保护层时，使用月壤砖块铺设的外壳必须足够厚。根据科学家的模拟，保护层至少要达到 1 米以上的厚度，才能有效地衰减来自太阳和宇宙中的高能辐射并具有一定的保温功能，以及拥有足够厚的缓冲区域，用来减少微流星的撞击危害。

为尽量免受长时间的昼夜温差影响，月球基地的位置一般会考虑选在月球南极火山口附近比较高的地方。南极火山口意味着最佳的阳光照射，太阳旋转在月球南极地平线上方，接近极昼条件，避免了昼夜温差带来的危害。在人类还未掌握空间核动力能源技术的条件下，只能依靠太阳来获取资源。月球南极地区的极昼条件能够使人类获取丰富的太阳能资源，为月球基地的建设和后续生活提供保障。

后　记

▼

　　本书对面向人类太空长期生存所开展的科学研究进行了简要的描述，力图使读者对此有一个初步且全面的了解。本书编者虽然长期从事空间科学与技术相关的研究工作，但对国际上相关领域的所有研究成果难以实现全面且深入的把握，内容安排和具体描述难免有所疏漏，希望各位读者海涵。本书更重要的目的，是加深读者对关系到人类未来的太空科学研究的理解和支持，激发青少年对未来从事空间科技研究的兴趣，推动太空领域的发展和进步。

　　尽管国际上利用载人航天器对植物、动物、微生物、人体等在微重力条件下的生物学效应，以及微重力条件下流体、燃烧、材料等物质的特殊规律进行了广泛且深入的研究，发展了人类太空生存活动所必需的空间通信、脉冲星导航、空间 3D 打印等关键技术，但要实现未来人类在太空的长期生活，尚有很多科学与技术难题亟待解决。例如，人体在太空微重力条件下骨质流失、肌肉萎缩、免疫力下降、心血管失常等问题还没有很好的对抗措施，相关机理还在研究之中，相关治疗的药物还有待研发；在微重力条件下，流体的管理、燃烧的控制、材料的制备等尚有很多基础性问题有待解决；行星表面大范围机动、太空智能制造、深空导航、原位资源利用等相关技术尚待研究和开发。

　　随着相关研究的深入和技术的发展，我们在太空生存与活动的能力将不断得到提升。目前，航天员在空间站的最长连续生活时间已经达到了 438

天，有很多国家开展了地面密闭生命生态系统的研究，如我国航天员训练中心在深圳开展了180天密闭生态系统研究；由俄罗斯组织多国参与的火星模拟探测试验——"火星500"，完成了6人520天的密闭生存试验，人在太空的长期生存保障能力逐步得到试验、验证和增强。

结合国内外载人航天的发展规划，我们可以畅想未来的发展。我们乐观地估计，在2030年前后，将充分利用空间站的研究机会，理解和掌握微重力条件下生物的响应机理和物质的特殊运动规律，并成功实现载人登陆月球，航天员在月球表面可短期生存。在2040年前后，将建立月球科研站，人类在月面的活动能力会得到显著的提升，月面密闭生态系统、月面大范围机动、太空智能制造、月面资源开发和利用等技术将得到长足的发展，可以实现人类在月面的长时间生活。在2050年前后，将实现载人登陆火星，载人深空运输系统将具备火星往返运输的能力，人类可以实现在火星表面中期驻留。在更远的未来，我们将可以实现火星移民，就像SpaceX公司的CEO马斯克所设想的那样：在火星表面建立一个小型城市，人类可以在火星种植粮食和蔬菜，并利用火星的资源生成氧气和水，火星表面具备人们生活的必要保障条件，人们可以不依赖地球而实现自给自足的生活。未来，火星将成为人类在地球之外的一个度假星球，我们可以随时乘飞船前往火星旅游和生活，阳光、森林、河流、动物、人，将构成未来火星生活的魅力画卷。

既然目标是星辰大海，我们就只有风雨兼程。

因本书部分插图在出版前无法联系到权利人，请有关图片的权利人与科学出版社联系，协商图片使用费事宜或于再版时撤换图片。

感谢参与本书撰写的编写团队，感谢所有关心和支持本书撰写的专家、同事、同学，感谢所有支持科普工作的科学家和科技工作者。

张伟